，天天都能享受夜間庭園的樂趣

庭園夜間造景實例

利用照明享受夜間庭園的樂趣吧！

雖然夜晚的庭園藏身於森冷的黑暗當中，只要利用照明，就可以讓夜晚呈現讓人期待的氣氛，真是不可思議。

在樹木形成的黑暗深處放上最近熱門的ＬＥＤ（發光二極體），兩者形成有點神秘感的空間，便呈現與日間截然不同的情趣。

在一片寂靜之中，邊望著被光線照亮的庭園邊度過漫漫的時光…如果自己家也能有這麼放鬆的時刻，應該是至高無上的奢華吧！

提到燈光，不免會想起冬天的聖誕燈飾，點亮照明後，一整年都能欣賞夜間庭園。春季庭園的植物陰影令人愛憐；夏季庭園照亮夜空；在秋季庭園裡感受長夜漫漫；冬季庭園品味夜景；夜間庭園的樂趣可是四季都不同。

此外，不只有庭園，只要在入口施以照明，回家的時候就能感受溫暖光線柔和的迎接歸來，還兼具防盜、安全、美觀的作用。

本誌蒐集了來自全國、日益精進的房屋外觀施工公司，為我們送來豐富的照明庭園實例，另外還會介紹ＤＩＹ玩樂照明的創意。

你要不要也試著在施以照明的庭園裡，品味光與影交織而成的幻想世界呢？

CONTENTS

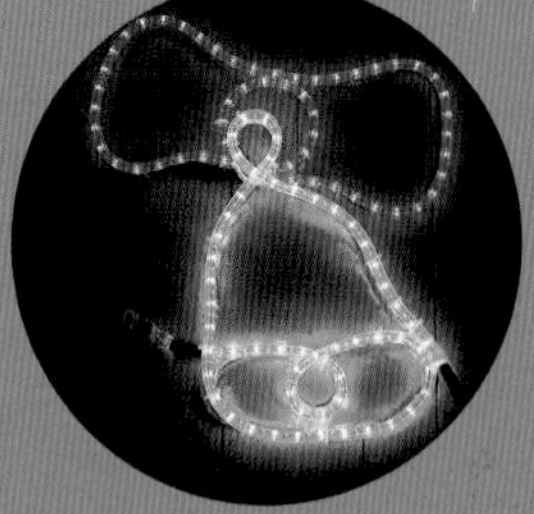

LED是什麼？

LED即為Light Emitting Diode(發光二極體)的縮寫，是一種利用導電發光的半導體。有別於一般需要電燈泡的照明器材，半導體本身就會發光。具有省能源、壽命長、熱能低、不吸引蟲子的特徵，未來非常適用在庭園照明上。詳情請參閱91頁。

※編註：本書所刊登的施工實例之施工期間、費用等等資料，皆已獲得各施工公司與屋主的善意允諾，所有資料皆為大致的標準。實際委託房屋外觀施工者請參考96頁的「施工公司一覽」（本書將原資訊予以保留，以供讀者參考、查證）。

用光線舒緩心情治癒人心的夜間庭園

排版＝梁川綾香（P4～23）

⬆夜間點亮照明，美景如夢似幻。

⬆➡在入口處加上照明以便夜間行走。

山梨縣M宅
施工面積＝約16坪 (不含停車空間)
施工期間＝約21天 (不含停車空間)
費用概算＝約280萬日元 (不含停車空間)
設計・施工＝Office Takei (參閱P96)
設計師＝武井　泄月袴小姐

穩定心情的露台花園

M宅有著明亮的外觀。想要備受保護的私密空間，家人與朋友可以同樂的休閒空間，還有希望能想辦法解決西曬等等的問題。

首先第一件事情是，從客廳離馬路的距離不到6米，要如何設定「休憩場所」呢？第二件事情是，屋子西方僅1.5米寬的空間，如何美觀又要有效果的呈現「遮蔽西曬的和室窗」兼入口呢？這兩點成了重要的關鍵。

南邊的馬路比較窄，寬度大約僅容2台車子交錯通行。為了讓M先生的車輛順利進出，於是R（曲線）的牆壁誕生了。

設計兩片彷彿以兩手環抱的環繞式牆壁，以及坐下時背對道路的R板凳。培育植栽之後，就會形成與道路隔絕的空間。R磚牆是為了減低費用，與工匠充份討論後產生的解決妙法。

西方遮陽的遮陽棚（西式藤架）用的是不需維護的疏伐材，再打進軀體（建築物）裡。諸如此類不易維護的地方，或是必須直接加在建築物上時，「不需維護」就成了必備條件。玄關前的角柱上方是盆缽，可以種上季節性的花草，來迎接來訪的客人。在遮陽棚和窗邊種植攀爬玫瑰，就能欣賞這個家逐漸成長為一幅美好「圖畫」的樣子。

以內外皆美的雙面Wall（牆）為設計中心，實現一個穩重的露台庭園。

內側是溫暖色彩的手工塗漆，外側為了配合主屋，呈現美麗的R型，是將每個磚頭都削成11片再製成的心血結晶。不僅具備雙面的趣味，還帶來節省經費的效果。

「隨著植栽一起成長的家」。將這樣的形象化為實體。

花壇也有枕木製的水龍頭。高低的落差看起來更漂亮。

休閒的午茶時光。

有如被兩片牆壁環抱的「療癒空間」。

在西方的入口設置遮陽棚，呈現深度十足的空間。設置時不讓人覺得狹窄。由於遮陽棚是以「遮蔽西曬的和室窗」為目標，在使用不需維護的疏伐材同時考慮到強度問題，所以直接打進建築物的軀體固定。

麻雀裝飾品表現玩心牆壁。

用鑲在牆壁裡的盆栽點綴牆壁。

平面圖

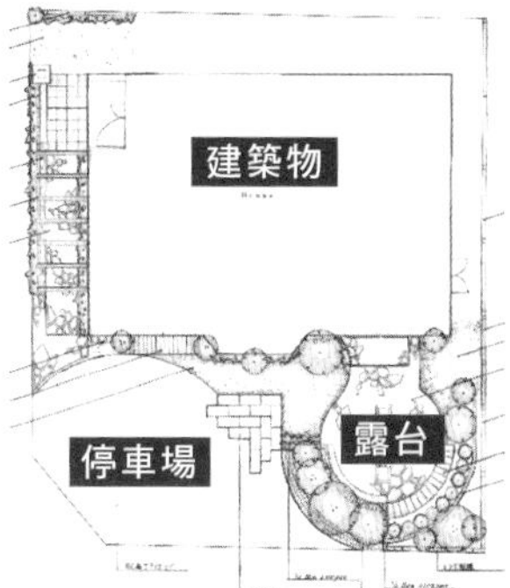

製作＝Office Takei

以內外皆美的雙面Wall為設計中心，實現穩重的露台庭園。

Planner's Comment

武井 泄月袴小姐

建築物的材質是「磚頭」，在外面的牆壁使用「磚頭」材質其實讓我苦思許久，還要考慮其他材質的色調，最後決定使用古典的白磚。結果完成具有一致感的成品，我感到很滿足。(景觀設計師、二級造園施工管理技士)

照明後的夜間全景。幻想風格，有如南國的度假盛地。

南國度假風格的房屋外觀

建築物與房屋外觀融合的N宅。在住宅地當中，引人目光的「Adobe樣式」（新墨西哥洲，陶斯・普魏布勒・印地安人的住宅）的白色建築，與房屋外觀同化後，襯托整個建築物。

N宅有一個以磁磚貼成的筆直長走道，一直延伸到玄關處。為了發揮這條走道的優點，具備大門機能的門袖壁不做在走到頂端的道路旁，而是設置於稍微往內縮的位置。如此一來，視覺上也有加深的感覺。門袖在設計上故意保持同調，為了與整體呈現一致感，與建築物相同，都是採用整面設計，是帶點弧形的形狀（成品是Adobe樣式）。

玄關入口的白色牆壁上，有一面平排著三個可愛壁龕（凹陷）的裝飾牆。為了配合裝飾牆，袖壁裡也設了壁龕。在壁龕裡放置設計性強的信箱與門燈。而門牌為了配合屋主的喜好而採用鐵製品。

入口走道與停車場的交界處是以石頭與木屑打造乾式庭園（不太需要澆水的庭園），再用龍血樹做為標誌樹，呈現南方國度的氣息。

在廚房前方也設了牆壁。這是為了兼顧從廚房兼起居室的eye stop（注視點）這個層面，還有不經意的表現私密空間。為了在這面牆重現Adobe樣式，裝上仿造Vikas（原木的樑）的樹幹原木，

⬆ 門袖壁具備門的機能，配置在稍微往內靠的位置。

⬅ 為了發揮筆直長走道優點，配置具備門的機能的門袖壁、袖壁，視覺上看起來更有深度。

⬆ 停車場用鐵木當枕木，以玉龍草畫成綠色的線條，就算是沒有停車的時候，看起來也像前院。

⬅ 廚房前方打造一個高度及腰，方便好用的直立式水龍頭。水槽下方的門是收納空間。門板用的材質是鐵木。

⬅ 為了在廚房前的牆壁上重現Adobe樣式，裝上仿造Vikas的樹幹原木，做為點綴。

做為點綴。凍子椰子的大葉子從牆壁背後伸出。

到了夜裡，凍子椰子葉在光線的照射下，在白色牆壁投影出夢幻的陰影。那是一個讓人聯想到度假飯店的世界。此舉還有讓整個建築看起來更大的視覺效果。

此外，在廚房前方打造一個高度及腰，方便好用的直立式水龍頭。水槽下方的門是收納空間。門板用的材質和舖在停車場的枕木相同，都是鐵木（有如鐵一樣堅硬的木材），是請職業工匠製作的。

對停車場也有許多堅持，用鐵木當枕木，以玉龍草畫成綠色的線條，就算是沒有停車的時候，看起來也像前院。

由於住宅地的地點面向高爾夫球場，所以在院子舖了一整面青草，與高爾夫球場連成一線，看起來更寬廣。

從客廳看到的景色非常舒服，舒適的空間呈現在眼前。

重視整體平衡的房屋外觀完成了。

夜裡，古典的燈光柔和的照亮鐵製門牌。

以磁磚貼成的筆直長走道，一直延伸到玄關處。

門袖在設計上故意保持同調，為了與整體呈現一致感，與建築物相同，都是採用整面設計，是帶點弧形的形狀。

這是從斜前方看的狀態。重視整體平衡的房屋外觀。

⇧凍子椰子的大葉子在廚房前的牆壁背後展開。

千葉縣N宅
施工面積＝約30坪
施工期間＝約20天
設計・施工＝Ma'am Garden
（參閱P96）
設計師＝宮井　寬治先生

Planner's Comment

宮井　寬治先生

為了襯托品味獨到的建築物，以及完成簡單但具存在感的設計，我指定所使用的材質。設置袖壁打造出深度，以植栽點綴，呈現高級感。

⇧在走道與停車場的交界處以石頭與木屑打造乾式庭園。

⇧用龍血樹做為象徵，呈現南方國度的氣息。

南國度假風格的房屋外觀

⇦引人目光的「Adobe樣式」的白色建築，與房屋外觀同化後，襯托整個建築物。

吹著徐徐微風的天井

這是夜間庭園全景。在照明之下，看起來美好的像是另一個世界。

岩手縣 I 宅
施工面積＝約38坪
施工期間＝第1期工程 60天
第2期工程 30天
（鋪草皮、修剪、建造花壇）
設計．施工＝房屋外觀樅樹
（參閱P96）
設計師＝筑後　英夫先生

➔⬅從小徑看庭園。日間的模樣（左）與夜間的模樣（右）。

I宅佔地寬廣。從拱門可以看到北方橫跨東北三縣的栗駒山，風景非常迷人，是高地的一級地段。I先生的要求是希望打造

①可以欣賞栗駒高原美麗的夕陽，又能遮蔽強風的漆牆。

②不用花心思的花壇。

③能和家人共享戶外荷蘭烤肉鍋料理的庭院。

因此，在考慮地理條件後，利用強勁的風勢，將漆牆設計成像F-1的定風翼，具導流作用，將舒適的風引進院子裡。

在漆牆加上牆面噴泉的水聲，使花壇的天使看起來宛如正在演奏，感覺非常平靜。戶外烤肉爐與漆牆一體化，附有收納空間，可以舉辦花園派對。打造出一個寬廣到令人覺得有點奢侈的起居室庭園。

白天裡，太太可以和朋友們在設計可愛的曲線花壇所組成的天井（中庭），共享下午茶時光，遮陽棚阻擋紫外線而造成的陰影，形成一個身心放鬆的空間。

夜裡，在照明之下，看起來美的像是另一個世界。漆牆的燈光與間接照明，映出成年人的時光，讓生啤酒和紅酒更好喝了，讓人想要盡情暢飲到深夜。

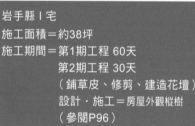

漆牆的燈光與間接照明，展現成年人的時光。
壁材＝四國化成工業「Palette」

搖曳的LED（發光二極體）燈看起來好像螢火蟲。
LED燈＝Takasho「棒燈」

花壇的天使彷彿正在演奏。

漆牆設計成像F-1的定風翼，具導流作用，將舒適的風引進院子裡。前面的樹木是Conica(雲杉的一種)。

彎曲的小徑，變化豐富，可以愉快的漫步。

如圖畫般的風景

小徑上也埋入LED燈。

Planner's Comment

筑後 英夫先生

樹木與花草會展現四季，要用五種感官去欣賞，這根本就不像是私人庭園，就像一個奢侈的「戶外起居室」。現在草皮已經長得非常漂亮了。

隱藏的米奇花壇與天井的組合非常可愛。太太可以和朋友在這個天井度過午茶時光。有遮陽棚阻擋紫外線，是一個身心放鬆的空間。
遮陽棚＝Takasho「遮陽帆布」

戶外烤肉爐與漆牆一體化，附有收納空間，可以舉辦花園派對。

和諧的光與玻璃，形成撫慰人心的空間

這是施工後的全景。映射在牆上的橄欖樹影，引人進入夢幻的世界。
門牌・玻璃磚＝Takasho「訂製LED不鏽鋼門牌」、「訂製轉角用白色玻璃磚燈」
門壁玻璃部分＝ZERO「訂製大型強化印花玻璃」

➔←從浴室的澡盆可以看見的中庭。這個空間的設計含有療癒效果。設有私密保護隔板，在入浴中打開窗戶時，就成了一個水聲與光線在水盆流動的療癒空間。

私密保護隔板＝Takasho「鋁製柵欄風美」

Y先生努力許久才購買透天厝。對於住家的周邊，他也有許多特別的堅持。經過了無數次的討論後，終於完成了。

門壁與建築物非常協調，又具有強烈的個性。這是與在季刊誌「房屋外觀＆庭園」裡引起話題，以玻璃手法聞名的ZERO股份有限公司的片岡統先生的初次合作。巧妙的運用型強化玻璃與光線，將橄欖葉雕在玻璃上。植栽也用橄欖，與玻璃有連結性。為了不讓訪客不知所措，所以在玻璃磚上刻了地址。

日間，玻璃上雕的圖樣令人沈醉，夜裡用LED（發光二極體）照明，形成的療癒空間扣人心弦。

在停車場也加上照明，做為引導燈。藉由調整鑲在門柱背後的投射燈角度，使樹木的影子投射在建築物的牆面，宛如種有巨大的樹木似的，可吸引行人的目光，世界上絕無僅有的美好房屋外觀就完成了。

Planner's Comment

浦崎　正勝先生

玻璃加上光！我接到這兩個課題後便開始設計。聽到屋主建造自己的房子的過程，我也跟著激昂了起來，而花了許多時間在設計上。訂契約之後，我和屋主一邊進行多次討論，一邊進行工程。還有ZERO公司獨一無二的玻璃製作，真的讓我打從心底覺得這就是「Only one」的房屋外觀。 ※照片左起為ZERO公司的片岡統社長、Y先生、浦崎先生。

↑ 日間也很漂亮的門牌。

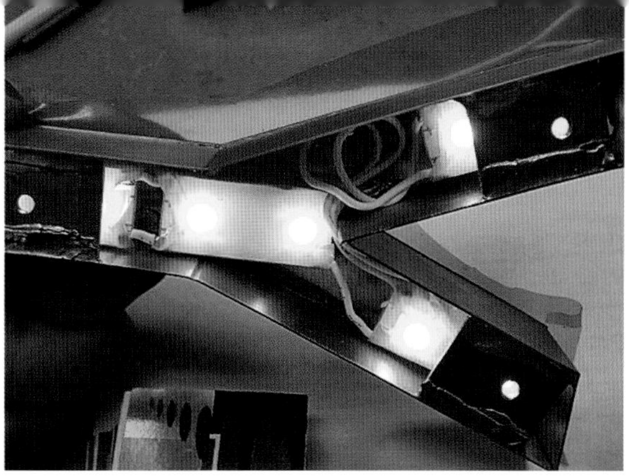

↑ 設置照明時的狀況。

↑ 設置前先進行確認。

兵庫縣Y宅
施工面積＝約35坪
施工期間＝約20天
費用概算＝約180萬日元
設計・施工＝向日葵生活
（參閱P96）
設計師＝浦崎　正勝先生

業務的一番話

(股) Takasho業務
湯川　和則先生

當我聽到浦崎先生問我「一般民宅可以使用不鏽鋼的LED燈嗎？」的時候，我真的嚇了一大跳。向日葵生活總是不斷挑戰新的事物，可以說是戰士型的房屋外觀設計公司，就我們廠商來說，更是不容失敗了！所以我也非常謹慎。當我看到成果的時候，我還記得我感動得連話都說不出來了。對於如此偉大的創意，我真是非常佩服。

← 到了夜裡，LED柔和的光線為玻璃打上投射燈光，使橄欖葉浮出來。刻在玻璃磚上的地址，夜裡也會受到LED柔和的光線包圍。

防盜效果優秀的時髦房屋外觀

➊ 此為夜間全景。兼顧防盜與美麗的外觀。建築物本體的設計柱下方也用投射燈，達到整體平衡的設計。

➔ 到了夜裡，門扉左側玻璃磚的燈光柔和的照亮R部分。此外，為了避免光線太顯眼，用投射燈打亮左邊的空心磚，保持整體平衡。

玻璃磚＝Takasho「玻璃磚燈（乳白、藍）」

➔ 在停車場的R（曲線）圍牆安裝投射燈，光線恰到好處的照在汽車棚的屋頂上，呈現立體感與高級的印象，與白天的感覺截然不同，十分漂亮。

M宅建在閒靜的住宅區。M先生的需求是開放式的印象，又要兼顧優秀防盜效果的房屋外觀。

由於M宅面對T字路口，外觀設計上從每一個角度看都很漂亮。此外，在設計方面M先生希望能夠幽默一點，讓每一位來訪的客人都能感到很開心，所以裡面加了許多關西地方獨特的，會讓人會心一笑的機關。

夜裡的外觀也一樣，在襯托2×4的美麗建築物的同時，也兼顧平衡問題，留意防盜方面並兼顧漂亮的外觀。

完成後，我聽到拜訪M宅的人們都感到非常高興的意見，做為一個設計師，這真是至高無上的喜悅。

←→利用建築物上方的投射燈與腳邊的投射燈打亮走道，夜間行走也很安心，呈現安全又美觀的空間。

↑門扉右側的上下方加上露台照明，保持整體平衡。

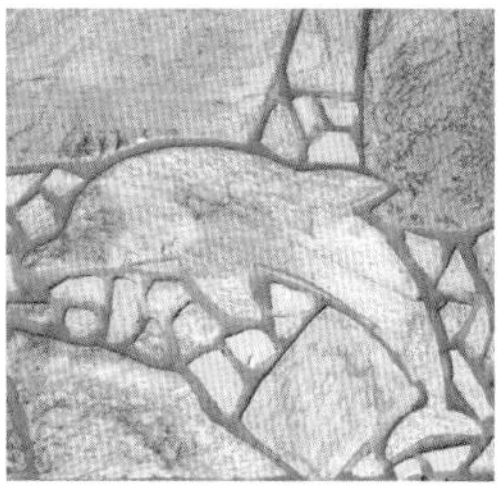

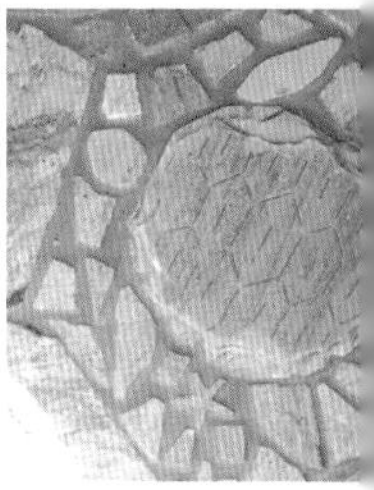

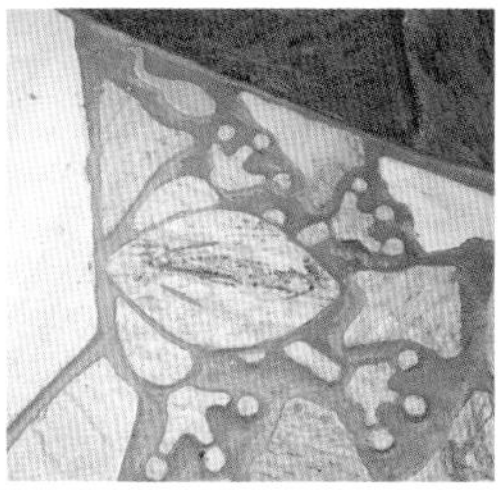

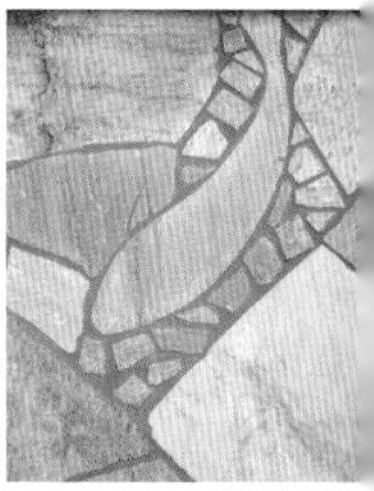

↑入口走道乍看之下十分普通，但仔細觀察後發現地上有以天然石加工製成的各式魚類與青蛙，是一種很特別的迎接方式。

←此為日間全景。由於面對T字路口，外觀設計上從每一個角度看都很漂亮。

←↓特製的鑄鐵門扉，把手上的裝飾是在葉片上優雅漫步的蝸牛，歡迎著客人的來訪。

Planner's Comment

宮田 守先生

由於建築物佔壓倒性的存在感，我在設計房屋外觀時，也想像了各種畫面，終於設計出這個不分晝夜都很和諧的美好作品。(一級建築外觀設計師、建築砌磚·建築外觀基幹技術士、磚牆診斷士、建築水泥磚工程師)

⬆ 從室內可以看到玻璃磚與露台處，由噴水池與燈光的完美合作。

⬅ 沿著走道往玄關方面走，可以看到彷彿就要張口咬過來的鱷魚，從植栽裡露出臉來。為了不讓雜草長滿天然石的周圍，有損美觀，所以用真砂士鋪裝固定。

真砂土鋪裝＝四國化成工業「綜合真砂土」

防盜效果優秀的時髦房屋外觀

➡ 從R牆壁前方打亮植栽，花了一番心思投射出陰影。鱷魚雕塑的部分也是一樣，呈現與日間完全不同的夢幻風情，讓人盡情欣賞夜裡的玄關前方。

➡⬅ 走到玄關入口的盡頭處，左手邊是朝南的庭院，若坐在板凳上，映入眼簾的綠意與噴水池的音色，展現一個美好又具療癒效果的片刻。到了夜裡，夢幻的燈飾與搖晃的照明組合，使人感到心靈的平靜。

⬆⬇ 寬廣的露台設計了忙於嬉戲的海豚。海豚邊緣埋進LED (發光二極體)，夜晚看起來好像浮起來了。

LED燈＝Takasho「Meleed」

大阪府M宅
施工面積＝約5坪
施工期間＝約3天
費用概算＝約30萬日元 (僅鱷魚庭園部分)
設計・施工＝三光房屋外觀 (參閱P96)
設計師＝宮田　守先生

⬅⬆ R圍牆下方，有一個乍看之下好像經過設計，刻意擺在這裡的自然石。從正面看起來平凡無奇，從側面看居然有一個時髦的直立式水龍頭。

⬇⬆ 位於車庫後方的R圍牆。夜裡投射燈照亮腳邊，襯托R部分，呈現立體感。

將泥土庭園變成享受烤肉趣味的庭園

此為夜間庭園全景。由7處照明打亮整個庭園，氣氛非常棒。可以和朋友或家人儘情享受烤肉的樂趣了。

平面圖、立面圖、立體圖

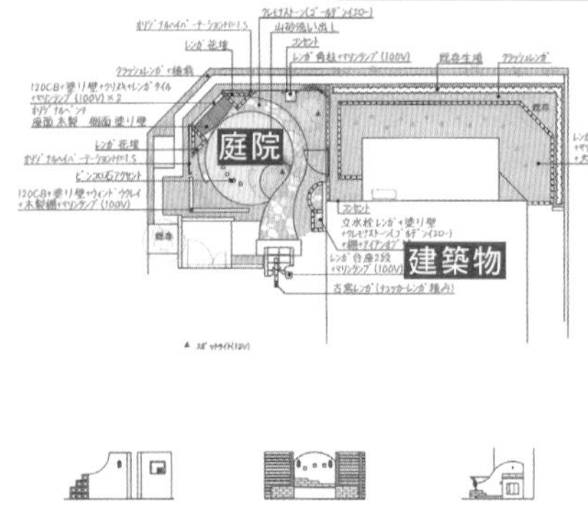

製作＝遊庭風流

為了方便烤肉時的使用，直立式水龍頭採用廚房式的高度。

這是庭園改建的實例。屋主幾乎全部委由設計師負責，他的要求是想要一個可以找朋友到家裡烤肉的空間。

由於玄關在二樓，設計的時候也考慮了從玄關往樓下看的景色。

庭院的周圍由漆牆和木頭柵欄環繞，不用擔心外面的視線，可以好好放鬆。地面則是隨意貼著天然石及舖上化妝砂。中間種植光蠟樹做為象徵。

為了方便烤肉時的使用，直立式水龍頭採用廚房式的高度。

在7個地方設置照明，可以找朋友或家人儘情享受烤肉的樂趣。夜裡的庭院氣氛也很棒！

Planner's Comment

田中　花菜枝小姐、**坂口　亞耶**小姐

這是一個私密性的空間，可以鬆一口氣的庭園。烤肉就不用說了，屋主的2個女兒也可以在這裡扮家家酒。直立式水龍頭下的收納空間當中，全都是扮家家酒的道具！

↑ 改建前的狀態。
← 改建後的庭院全景。是個不用擔心外面的視線，可以放心享受烤肉趣的空間。

福岡縣O宅
施工面積＝約7坪
施工期間＝約30天
費用概算＝約190萬日元
設計師＝田中 花菜枝小姐
坂口 亞耶 小姐

← 從玄關往樓梯下看的夜景。

燈光平均設置在整座庭園內，柔和的氣氛打造一個治癒的空間。樹木是狹葉朱蕉與白葉朱蕉。

大阪府H宅
施工面積＝約15坪
施工期間＝約15天
費用概算＝約300萬日元
設計・施工＝Okamoto Garden
（參閱P96）
設計師＝岡本 圭一郎先生

寧靜環境的治癒系度假空間

H宅位於寧靜的住宅區。地理環境是家門口有一個很大的池子。H先生的需求是要有木製露台，在露台的視線範圍內，以R（曲線）牆壁打造Focus Point（視覺焦點），以及有可以盡情烤肉的空間這兩點。

因此我以「運用寧靜環境打造治癒系度假空間」為主題，進行設計。

我用較高的柵欄與喬木分割空間，視覺焦點則依照H先生的要求，將R牆壁配合以鋪路石製作的大小圓圈，再種植個性強烈的狹葉朱蕉與白葉朱蕉，讓人感覺有如不同的空間。

此外，布置包圍木製露台的植栽，用淡淡的燈光打在整座庭園，呈現度假地的風格。R牆壁嵌入色澤特殊的玻璃磚，更強烈的泛著南方島國的氣氛。

改建後，我認為這是一個符合主題的庭園。

Planner's Comment

岡本 圭一郎先生

由於H先生平日工作繁忙，我採用可以撫慰工作辛勞的設計。

⮉ 帶著獨特綠色的玻璃磚，呈現庭園給人的印象。

立體圖

製作＝Okamoto Garden

⮉ 以投射燈打亮光蠟樹與玻璃磚，宛如度假盛地。
壁材＝四國化成工業「新式美磚」

⮉ ⮈ 改建前是裸土(直接是泥土)的庭園，改建後則成了運用寧靜環境打造的治癒系度假空間(左)。樹木是光蠟樹、唐棣、紫薇、藍莓等等。

從房間內外皆可欣賞的夜間庭園

↑ 特製柵欄與鐵製的裝飾品。鋪在鐵製盆栽上的石頭是Lunar玉砂利，它是一種蓄光石(會發出藍光)。

→ 特製柵欄(外側)。枕木上有該公司的獨家商品--素陶浮雕，在枕木上還設置船舶燈。光線透出月亮形狀的壓克力板，就成了月光。柵欄從外面看起來跟普通的柵欄沒什麼兩樣，從房子裡看起來則是亮著光線，是雙面不同的設計。光線的呈現都是為了客人特別設計的。

↑ 夜裡從外面看起來的狀態。

Planner's Comment

小澤　俊輔先生

現場花最多工夫的就是照明，材料也選了一般庭院少用的壓克力板和光纖，目地是打造別處看不到的新型態夜間庭園。有如表現性高的餐廳包廂，如果可以享用這樣的空間與時間，我會覺得非常高興。

↑ 月亮形狀的壓克力板和小顆粒狀的洞，是光纖的剖面。使用的木材是鐵木(跟鐵一樣硬的木材)。

→ 日間從室內看起來的狀態。樹蔭下的雜草是大花六道木、歐石楠、闊葉麥門冬、白妙菊、紅淡比。

→ 夜間從室內看的樣子。Lunar玉砂利發出藍色的光。

O宅建在安靜的住宅區。要求是在現在居住的房子旁的土地，造一個停車場與庭院。

建築物面對庭院的那一面，只有廚房的小窗戶、廁所的窗子與和室的窗戶。因此，和室的景色自然成了設計的主要目的。

此外，一開始O先生就表示希望有一個有照明的庭園，就設計上與預算上來說，現場的重點還是放在燈光上。（停車場由於預算因素，委由其他業者施工）。

一般來說，有照明的庭園多是使用照亮樹木、設計視覺焦點等等裝飾性比較高的立燈，這次由於和室的視線位置主要是在距離庭院地面80㎝的上方部分，設置立燈的話根本看不見，所以這個庭園的主角就成了內嵌燈具的柵欄了。

先挖空一個月亮的形狀，再鑲入乳白色的壓克力板，從外側打燈，表現月亮的光輝。再於柵欄裡面放進光纖，營造成星星的光輝。希望屋主能從和室眺望照明的月亮與星辰，度過屬於自己的時光。

↑ 此為施工前。照片左側是O先生的宅。預定在右側的新地蓋停車場和庭

↑← 施工後。用紅磚堆起再布置隨意貼、枕木與特製柵欄。樹木從前方起分別是花水木(Sunset)、麗柏、掌葉槭、櫻桃李、黃櫨、北美香柏。灌木從前方起依順為光蠟樹、紅淡比、迷迭香。花草為百日菊、藍色鼠尾草、白花丹、紫鴨拓草、囊距花、金錢草等等。

↑ 到了傍晚，庭園的照明柔和的亮起。

← 傍晚照明點亮的狀態。

← 為坐在室內所看到的柵欄（白天）。

← 為坐在室內所看到的柵欄（夜間）。

← 從外面看起來的夜間全景。充滿夢幻的氣息。

平面圖・立體圖

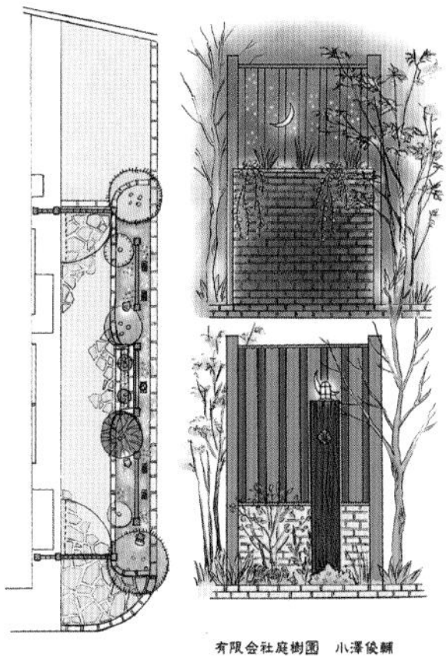

製作＝庭樹園

埼玉縣O宅
施工面積＝約4坪
施工期間＝約6天
費用概算＝約80萬日元
設計・施工＝庭樹園 (參閱P96)
設計師＝小澤　俊輔先生

柔和光線包圍下的露台花園

排版＝梁川綾香（P24～31）

將死角變成露台與停車場

⬆ 裝在庭院側牆的照明，在照亮夜間露台的同時，柔和的光線從狹縫透到外側，呈現夢幻的情景。

⬆➡ 設置在起居室前的露台，是一個舒服的私密空間。

T宅有一個寬廣的庭院。趁著在既有的庭院部分新建一個停車場的機會，有了乾脆改造成漂亮的空間的想法。除了確保停車空間之外，T先生的要求如下：

①希望有一個有私密感又能放輕鬆的露台。

②去除現有的樹籬，製造出停車空間，但如此一來和室的八角窗就毫無遮蔽，必須遮住庭院的部分。

③可以欣賞每個季節性花草的空間。

從停車場部分到設置於客廳前的露台之間，設兩道漆牆切割空間，並且為了避免閉塞感，其中一道牆加上狹縫（空隙），然後在另一面牆的外側設置設計感十足的水龍頭，及庭院側的牆壁各自裝上照明。

加上馬賽克磁磚和石雕設計的水龍頭，除了用於為庭院裡的植物澆水之用，也可以供附近往來的居民觀賞。

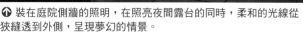

改建前的茂密樹籬。

此為改建後的全景。從停車場部分到設置於客廳前的露台之間，設兩道漆牆分割空間，並且為了避免閉塞感，其中一道牆加上狹縫(照片右側)，然後在另一面牆的外側設置設計感十足的水龍頭(照片中央)，兩道漆牆上分別裝上照明。和室前的屏蔽(照片中央)用鐵木打造一個遮蔽兼通風，是一舉兩得的屏蔽。

改建前是雜草叢生的庭院（左），改建後成了美麗的空間（下）。

停車場的夜景

加上馬賽克磁磚和石雕設計的水龍頭。

安裝在庭院側牆壁上的照明，在照亮夜間露台時，柔和的光線也可以塑造夢幻的情景。

和室前的屏蔽是鐵木（跟鐵一樣硬的木材），從正面看起來跟牆壁一模一樣，完全遮住和室，由於這「縱百葉窗」的形狀，不會阻礙通風，是一個一舉兩得的屏蔽。

植栽方面，除了聖誕薔薇、虎耳草、釣鐘柳、鼠尾草等宿根草之外，花壇裡春天會開獨腳蓮與勿忘草，初夏陸續會開紫扇花或金蓮花等。太太自己種的植物還有其他小東西更加點綴了庭園，家人在戶外度過的時間應該也增加了吧！

Planner's Comment

伊藤 由香里小姐

直線與曲線的組合，再搭配各種不同的材質，完成了這個特別的空間。工程結束後，聽說太太樂在美化庭園，使我感到無上的喜悅。

千葉縣T宅
施工面積＝約20坪
施工期間＝約25天
費用概算＝約140萬日元
設計・施工＝Ma'am Garden（參閱P96）
設計師＝伊藤　由香里小姐

家族和樂的戶外起居室

日落時分，照明呈現有別於日間的風情。

這是從正面看的全景。漆牆後方是舒適的私人露台。

用枕木銜接露台、木製露台與走道的設計，成了小小的特色。

組合枕木、天然石、草皮、砂子等天然素材。

Y宅佔地寬廣。在馬路與佔地之間有一條水渠，其上鋪了一塊容一台車開過的鐵板，是唯一可以進入房屋佔地裡的開口。由於屋主的孩子還小，所以屋主的要求如下：

①在水渠那一面設一道牆壁，擴大草皮的範圍。

②希望有一個提供家人團聚休息的空間，不管是露台還是木製露台都可接受。

③因為想在和室前面曬衣服，希望能有一些遮蔽物。

由於車輛必需停在佔地當中，於是先在R（曲線）確保寬廣的停車空間，其餘空間則做為入口走道與庭院。

連接起居室與和室的木製露台建材，用的是當時（2001年）還很罕見的柳桉木（屋外耐久年數達15年以上），這是一種印尼產的木材，而設計上朝向和室側比較低，整體來說是一個不會讓人感到「高」的設計。此外，於露台另一側的牆上安裝一體成型的板凳，以增加強度。

在露台看得見的位置，打造一個L字型的赤土陶器平台。此處也加上高低落差，設計上呈現有趣的效果。

水渠那一側設了粉刷的牆壁，而和室與玄關之間則用縱格子的木頭柵欄遮蔽。

庭院的燈光柔和的照亮赤土陶器平台。

露台另一端的牆上安裝一體成型的板凳，以增加強度。

微弱的光源照亮鐵製的門牌。

鐵製的門牌前有花壇。

平面圖

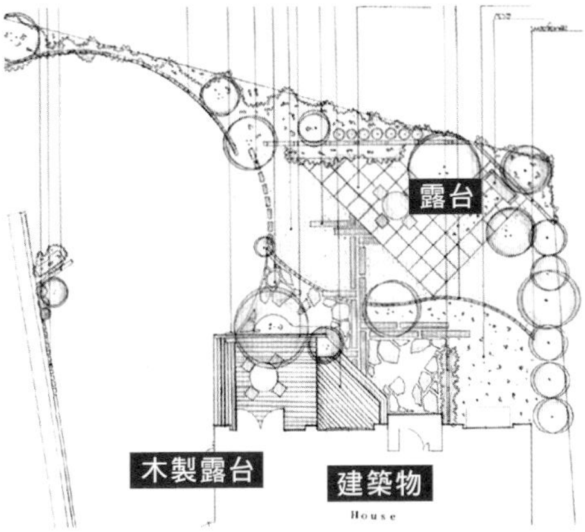

製作＝Office Takei

從露台看到的平台，前方的植物是黃櫨。

在R曲線確保寬廣的停車空間，並隨意貼上天然石。

Planner's Comment

武井　泄月袴小姐

雖然距離馬路有一段距離，還是想要有私密的空間。基於這個想法，我在佔地內(起居室+和室前方)設了一道粉刷的牆壁。相對的，開放式的平台可以看到寬廣的庭園，是一個可以感受四季，有開放感的空間。(景觀設計師、二級造園施工管理技士)

在露台看得見的位置，打造一個L字型的赤土陶器平台。此處也加上高低落差，設計上呈現有趣的效果。

用枕木銜接露台與木製露台之間的設計，成了小小的特色。讓人覺得走起來很有趣。

整體來說，我有效的利用寬廣的佔地，打造一個家人可以快樂團聚的戶外起居室。

山梨縣Y宅
施工面積＝約32坪
施工期間＝約60天
費用概算＝約390萬日元
設計・施工＝Office Takei（參閱P96）
設計師＝武井　泄月袴小姐

溫暖的光線與遮陽棚
打造出平穩的庭園

施工後。在原本剎風景的庭園設置一個兼視覺焦點功能的遮陽棚。

福岡縣H宅
施工面積＝約9坪
施工期間＝約14天
設計・施工＝遊庭風流
（參閱P96）
設計師＝田中　花菜枝小姐

用澳洲磚和木材製作板凳，邊角用紅磚製作一個可以放杯子等物品的茶几。

船舶燈放出橘色的光線，使人感到一股暖意。

H宅有著穩重的氣氛。但由於庭院很剎風景，H先生的要求是希望我能提出什麼好的提案。

由於H宅目前已經有木製的露台了，我原封不動的將露台保留，再打造一個遮蔽起居室兼具視覺焦點效果的遮陽棚（西式藤架）。遮陽棚下方用澳洲磚和木材製作板凳，邊角用紅磚製作一個可以放杯子等物品的茶几。另在角落設一個船舶燈，夜裡也能在這裡休息。

地面為了放置桌子與椅子，我鋪設亂形石和磨石子。周邊再鋪上碎磚塊，呈現明亮的氣氛。

Planner's Comment

田中　花菜枝小姐

我想若在遮陽棚貼上板子，就能當屏蔽了，於是提出這個案子，想不到成品有別於沒有橫向板子的遮陽棚，別有一番風味，並也成了可以休憩的空間。從外面看起來也不會覺得奇怪，非常漂亮。

從木製露台看到的夜間景色。船舶燈的光線很柔和。

這是從木製露台看到的日間景色。

從木製露台沿著飛石風格的平板走到圓形的露台。

地面為了放置桌子與椅子而鋪設亂形石和磨石子。周邊再鋪上碎磚塊，呈現明亮的氣氛。

從外面看起來，遮陽棚也是一個與建築物很搭的美麗景物。吸引行人的目光。

平面圖・立體圖

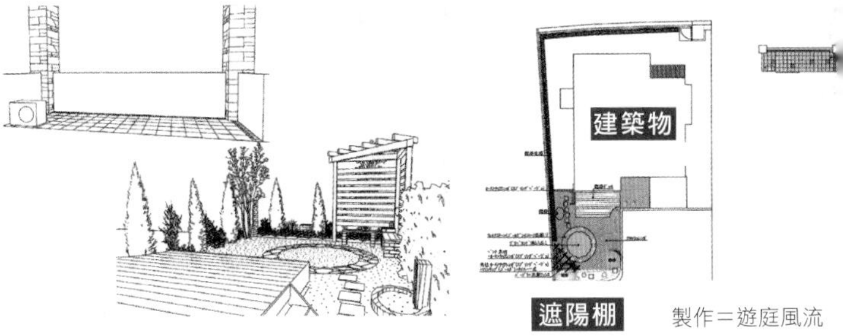

製作＝遊庭風流

原本很介意路人的視線用柵欄擋掉，還能確保私密的空間。現有的木製露台（前方）則原封不動的留下來。

↑ 施工前完全是裸地（只有土壤）的狀態。

兵庫縣Y宅
施工面積＝約30坪
施工期間＝約14天
費用概算＝約115萬日元
設計・施工＝向日葵生活 (參閱P96)
設計師＝浦崎　正勝先生

↑ 日西和併的庭園，夜裡是夢幻的照明。
玻璃磚・燈飾＝Takasho「玻璃磚燈 (藍)」、「Meleed」

立體圖

製作＝向日葵生活

→ 這是日式角落（後方）與貼石子露台的夜景。關上房裡的燈光，靜靜看著庭園，是個撫慰心靈的空間。

魅惑人心的美麗庭園夜景

「庭院要一個貼石子的露台，以及在與鄰居的交界處要有一個屏蔽」這是太太的要求。

然而有一天晚上夫婦連袂來到店裡，男主人一眼就愛上展示場的照明。後來整個規劃逐漸變成由男主人主導，再加上男主人提出「希望呈現日式氣氛」的需求，便完成了日西和併的房屋外觀。假日家人在露台享用早餐，度過愉快的時光，男主人對美麗的夜景也感到非常滿足。

→ 這是直立式水龍頭角落。在西式與日式組合的庭園中，R（曲線）的牆面溫和的遮蔽視線，不但具備阻擋鄰居視線的效果，還可以讓庭園更具穩重的氣氛。

光、磁磚與水聲包裝的空間

⬆ 這是改建後的庭園全景（夜景）。由光與水構成治癒人心的庭園。

⬆ 改建前的庭園全景。
是一個無法使用的空間(日景)。

⬆ 這是改建後的庭園全景(日景)。
用雙色磁磚打造出的沈穩庭園。

立體圖

製作＝向日葵生活

⬅ 在板凳內部來回流動的水，採用從光裡往下層流的設定。

⬅ 水不停的流動著，可以享受滴落的水聲。
照明＝Takasho「Meleed」「小路燈」、「玻璃磚燈」、「LED燈條」

⬅ LED的光線與玻璃磚的爭相比美，呈成撫慰心靈的空間。在寬廣的磁磚露台，應該會體會出有別於以往的樂趣吧。

兵庫縣A宅
施工面積＝約20坪
施工期間＝約20天
費用概算＝約150萬日元
設計・施工＝向日葵生活 (參閱P96)
設計師＝浦崎　正勝先生

Planner's Comment

浦崎　正勝先生

經過不斷的嚐試錯誤後，我終於能夠好好思考什麼才是療癒。我希望未來能夠在這方面更加進步。

A先生看了本公司（向日葵生活）的傳單，於是到我們店裡來。A先生的房子大約已經建好2年的時間，他來找我談的問題是「庭院好像變成無法使用的空間了。有沒有什麼比較好的方案呢…」

由於A先生對於減少泥土地的面積，還有使用光與水打造療癒空間規劃蠻有興趣的，於是我提的規劃是大量使用本公司最擅長的照明技巧。

泥土地的面積蠻大的，卻無法有效的利用，我鋪上穩重色調的雙色磁磚，再巧妙的嵌進小型LED（發光二極體）。

用紅磚板凳點綴庭園，使用與現存建築物外牆相同的磚塊，保持一致感，在板凳內部來回流動的水，採用從光裡往下層流的設定。滴落的水聲帶來令人上癮的撫慰效果，成了獨樹一幟的庭園。

從改建的提案直到工程完成的這段時間裡，我們經過無數次的討論，調整規劃。

好不容易完成的庭院，男主人說：「只要站個10分鐘就能消除一天的疲勞了」，這真是再好不過的讚美。

光與水的協奏曲

水聲及水面搖晃的光影…刺激五感的中庭

在水中搖晃的燈光。撫慰我們的心靈。

➔ 夜深了，陰影更濃密。

➔ 用水音治癒人心。

由於外構工程已經完成，這次的委託100％是庭園部分。想要在起居室前空無一物的地方，「加一個具撫慰效果的中庭…」。由於夫妻平常都有在工作，希望能在家裡舒服的度過不用上班的週末。

「如果能把旅行時看到的美好風景，直接搬到家裡就好了…」。這是兩人共通的想法。結束一天忙碌的工作後，回到自己的家裡，舒服到讓人忘了時間…。不經意的聽見外頭傳來的水聲，以及看到在水裡晃動的燈光…。

設計時我抱著「不用到別的地方，還是我們家最好」的想法設計。

排版＝梁川綾香（P32～37）

以燈光照亮水流，看起來很夢幻。

可以享受四季不同風情的私密空間。

這是日間的風景。從木頭柵欄射入的陽光，留下條紋的陰影。

亞洲風味的燈具。

牆上的石頭，在日式氣紛當中添加一點玩心。

被木頭柵欄、濡緣圍繞的中庭。彷彿是另一個世界，讓人忘卻時光流逝。

山梨縣M宅

施工面積＝約32坪
施工期間＝約60天
費用概算＝約100萬日元 (照片所刊登的範圍)
設計・施工＝Office Takei (參閱P96)
設計師＝武井　泄月袴小姐

Planner's Comment

武井　泄月袴小姐

M先生是一個好惡分明的客戶。讓我想到許多關鍵字，像是「成熟風格」、「日式時尚」、「日本人」、「療癒」、「四季」、「日本酒」。夏天欣賞夏季的綠蔭，秋天品味紅葉與黃葉，冬天要有雪景等等，我規劃了許多季節性的植栽。在此雖然不能從照片裡看到，但明年春天沿著露台種植的竹籬笆就會冒出綠意，會變成漂亮的籬笆吧。從這次的工作中，我再次體認到「妝點生活」的樂趣與重要性。我深深體會到這是送給辛勞的自己的禮物…。

流水帶來的療癒空間

⬆ 這是夜間庭園的全景。是個水流不止的療癒空間。

➔在此介紹陽光房的設置作業。這裡有個碩大、份量十足的石頭，形狀也很不錯，所以我刻意不要搬動，以這個大的景觀石為雕塑的一部分，想像著身在自家卻能感受大自然的空間，來考慮周圍的呈現。
陽光房＝東洋房屋外觀「暖蘭物語」

這是花園改建的實例。M先生表示「既然家裡有一個庭院，不如打造成一個讓人想要走進去的庭院」。

我第一次去看現場的時候，發現院子明明很寬廣，不知道為什麼卻讓人覺得很擁擠。因此，我想要打造一個感覺很寬闊，可以運用在多種場合的庭院，除了現有的大石頭之外，我儘量撤除其他的物品。植物則移到別處改種。

在幾乎空無一物的狀態下，為了讓家人度過愉快的光陰，我設了一個陽光房。可在這個空間用餐、喝茶、讀書，我希望它是一個更有療癒效果的空間，所以我沒有搬動原有的大石頭，而是以石頭為主角，以小河流的湧泉流動的印象，設計一個生態花園。

這是一個可以感受水的音色、光影、動態的美好空間。

大阪府M宅
施工面積＝約10坪
施工期間＝約7天
費用概算＝約250萬日元
設計・施工＝三光房屋外觀
（參閱P96）
設計師＝宮田　三紀子小姐

⬆和以前相比，院子變得非常寬敞，形成一個療癒的空間，屋主也感到非常高興。此外，以前只要烤個肉房間裡就會留下油煙，所以不太敢烤肉，有了陽光房之後，即使留下油煙，清理起來也很容易。當客人來訪的時候，太太在這個空間端上自己的拿手菜，據說客人也很心滿意足。

⬅⬆改建前(左)與改建後(上)。拆除以前曾經養過小狗的狗屋與後門、露台的屋頂，長大的植栽則改種到家裡的其他空地。

陽光房＝東洋房屋外觀「暖蘭物語」

⬅一邊聽著水聲，一邊吃午餐，味道特別好！

⬅與鄰居相鄰的部分加裝有屏蔽效果的柵欄。

屏蔽柵欄=Takasho「Ever Art Wood」

Planner's Comment

宮田 三紀子小姐

院子明明很寬，卻有很多被浪費掉的空間，M先生跟我談的時候，表示想要活用這個空間，所以我在設計時儘可能打造一個可以和家人、朋友聚在一起談天，又可以供一個人悠閒讀書的空間。

⬆大石頭變身為美麗的雕塑。

⬆鯉躍龍門！？

⬇打開陽光房的門，水從裝飾在大石頭旁的天然石之間，有如湧泉般靜靜滑落，水面搖晃，此外，到了夜裡，柔和的燈光在大石頭的牆面搖曳，非常夢幻。

⬅夜裡LED（發光二極體）燈的藍光與白光，呈現美好的夜晚。

LED燈=Takasho「Meleed」

利用生態花園呈現浪漫氣氛與療癒空間

⇧⇩ 施工前是磁磚露台與草皮。沒有照明，入夜就有些陰暗。

⇧ 從起居室看庭園，除了用眼睛欣賞之外，耳朵也聽到悅耳的水聲，讓心覺得好平靜。

⇧ 這是施工後的夜間景色。夢幻的照明打造浪漫的氣息與療癒的空間。

⇧原本庭院角落讓人覺得有稜有角，所以設計花壇時使用低矮的白磚，加上少許R(曲線)，將有稜有角的印象變成柔和曲線的印象。此外，為了表現遠近感，在從起居室視線所及處設了一個雕塑。

⇧ 準備3個直徑60cm的水盆，以不鏽鋼管引水由上往下流動。這裡的設計拉高高度，是為了把儲水的水槽和泵浦藏在裡面。

⇧將BARONE(義大利製)的兒童置於重點處，成了襯托夜間花壇的角色。

⇧ 夜裡，在3層水盆打投射燈，在黑暗中浮現，看來非常夢幻。呈現出美麗的夜晚空間。

立體圖

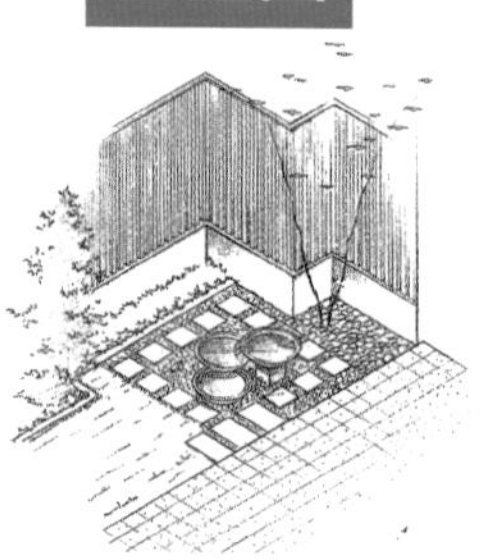

製作＝三光房屋外觀

⇨整體用白色來設計，完成一個感覺很清潔的庭園。夜裡在水盆部分打投射燈，使水盆在黑暗中浮現，並為了呈現雕塑的立體感，設置庭園燈呈現出夢幻的夜景。

F宅是位在大阪府茨木市的高級出租公寓1樓，委託人在此展開新婚生活。因為太太特別喜歡照顧庭院，希望能在忙碌的生活中，也能種植一些季節性的花草與植物。

因此本公司（三光房屋外觀）的設計規劃是儘可能打造一個維護簡單，不分日夜都是個療癒的空間。

特別是從客廳清楚可見的空間，在這空間設置生態花園，再設置漂亮的3層水盆，日間可以享受小河由上往下流動的潺潺水聲，夜間則用夢幻的照明呈現浪漫的氣息與療癒的空間。

Planner's Commer

太田　公雄先生

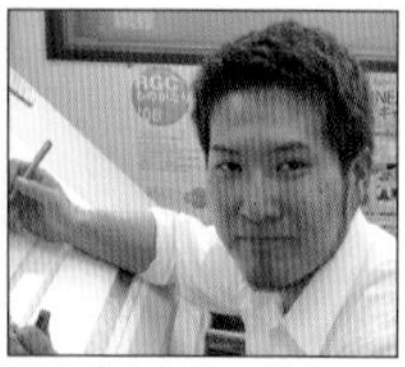

雖然是公寓的一樓部分，但空間很寬，感覺和透天厝差不多，才能完成這樣美麗的空間。

平面圖

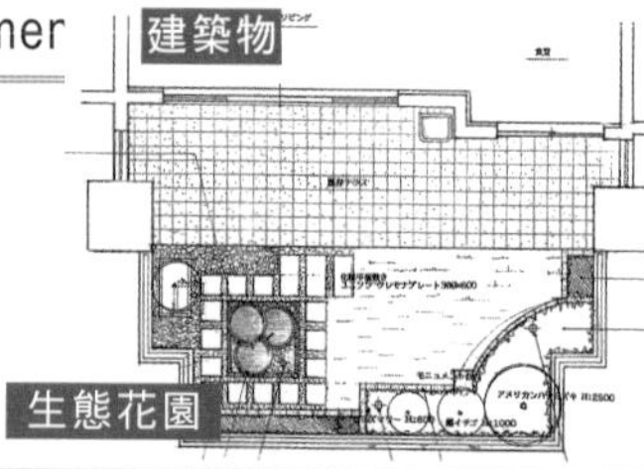

大阪府F宅
施工面積＝約10坪
施工期間＝約8天
費用概算＝約60萬日元
設計・施工＝三光房屋外觀 (參閱P96)
設計師＝太田　公雄先生

有瀑布的庭園

夜間的生態花園全景。

在水裡設置7盞燈，在夜裡呈現夢幻的空間。
水中燈＝Takasho「Water Light 20W」

在正面看不到的地方設置水槽，以泵浦使水流循環。

泵浦＝Takasho「Aquarious」

位於兵庫縣西宮市的K宅，由於原本在中庭有很大的植栽，所以有一些陰影，成了一個有點陰暗的空間。K先生的要求是希望中庭變成明亮又有治癒效果的空間。

由於中庭空間非常大，因此我不只打造生態花園，還設計出天然石的牆面，讓水有如瀑布般落下的景色，還可以享受落在水面的水聲。

夜裡靜靜在牆面晃動的照明，呈現一個治癒的空間。

兵庫縣K宅
施工面積＝約15坪
施工期間＝約20天
費用概算＝約300萬日元
設計・施工＝三光房屋外觀
（參閱P96）
設計師＝土橋 英樹先生

Planner's Comment

土橋 英樹先生

在大大的中庭裡，用雜石組成夠份量的瀑布，做出高度與凹凸不平的感覺，呈現一個迫力十足的生態花園。要讓水落下來的樣子接近自然的瀑布，這件事非常困難，所以這是一個讓我印象深刻的作品。

柔和的光線迎接的大門周邊

排版＝佐藤次洋（P38～59）

⬆ 夜間大門一帶的全景。設計時我最初的印象就是始於傍晚的「色彩消失的時間帶」。

➡ 在掛門牌的牆上放進石頭表現變化，呈現厚重感。門牌的字體是設計師以毛筆寫成的。

➡ 紅磚外牆與植物的綠色很速配。樹木左起為冬青、青梻。

S宅有著熱鬧的紅磚外牆，從遠處看也很醒目，這是當時（2003年）相當受歡迎的進口住宅。但是在構思房屋外觀時，我遇到不少麻煩，我還記得我畫了很多張不同的草稿。

雖然同為紅磚外牆，這棟房子算是「色彩變化」比較少的類型，在房屋外觀上，我本來考慮過使用同等級產品的紅磚，但因為紅磚色彩變化太大，選擇時非常困難。所以如照片中現在的S宅，使用「粉刷」是最好的選擇嗎？這個問題到現在我還是抱著疑問。當然就設計師來說，不得不充分設想經費與整體的平衡，再從各個角度來配對適合的「設計」。

結果在設計時，我的第一個印象是始於傍晚的「色彩消失的時間帶」。我從原有的木頭露台找到靈感，加入木製的狹縫（縫隙），連接粉刷的牆壁。只做如此的改變平板的印象就消失了，另外在掛門牌的牆上放進石頭表現變化，讓人感到十足的份量。

山梨縣S宅
施工面積＝約33坪
施工期間＝約30天
設計・施工＝Office Takei（參閱P96）
設計師＝武井　泄月袴小姐

夕照美好的房屋外觀

↑ 綠色的草皮襯出石頭的顏色。

← 與鄰居的交界處用橫貼的木頭柵欄做屏蔽，確保隱私的空間。

↑ 施工前給人平板的印象。

↑ 粉刷牆壁的腳邊點綴著黃楊木、宿根草等綠意。

↑ 青桳看起來很清涼。

← 施工後。從現有的木頭露台找到靈感，加入木製的狹縫(縫隙)，連接粉刷的牆壁，如此一來平板的印象就消失了。

Planner's Comment

武井 泄月袴小姐

這是2003年施工的Case。好另人懷念的現場，但是在各個施工點上，當時工匠的「技術」也有問題，對S先生造成許多的困擾。這是充滿苦澀回憶的現場，但是事後S先生也為我介紹許多客戶，真的非常感謝。門牌的文字是因為S先生很喜歡我的毛筆字，所以採用這個字體。(景觀設計師、二級造園施工管理技士)

夕照美好的房屋外觀

夢幻的夜間景色。

綠意茂盛的日間景色。

在夜間的照明下溫暖的迎接歸來。

粉刷的牆壁（前）與木製露台（後）。

施工後。

施工前。

施工前。

施工後。

停車的空間也不忘加入燈光與綠意。

此為傍晚的景色。燈光柔和的迎接主人回家。

這是夜裡的大門周邊。象徵樹木是青梻。

化為景色的房屋外觀

I先生住在山梨縣甲府市的市中心，早在動工蓋房子之前，他就找我談過房屋外觀。由於家裡有年幼的孩童，以及前面馬路的交通量較大這2點，於是決定採用「半封閉」式的房屋外觀。

設計上配合建築物的氣氛與I先生的喜好，選擇RC（只用水泥鑄成）與天然石的組合，有別於傳統RC單調的牆面，別有一番風味。

在設計入口時，並未貼滿天然石，反而以RC為主角（提案時，對於汽車公司相當多的山梨縣來說，當然入口施工上也要能供車輛進出，另外還可以做為預備的停車空間）。

因為RC與天然石的組合，
牆面一點也不單調。

RC與天然石（實心石）的組合，打造半封閉式的入口。

柵欄採用堅固的硬質砂岩。

裝飾孔的花台放著盆栽。

紫色的花是草地鼠尾草。

山梨縣I宅
施工面積＝約20坪
施工期間＝約60天
費用概算＝約260萬日元
設計・施工＝Office Takei
（參閱P96）
設計師＝武井　泄月袴小姐

轉角設置板凳，可以坐下來休息。

這是從門壁前方仰望建築物。

Planner's Comment

武井　泄月袴小姐

由於建築物動工之前客戶就跟我談過了，從各個觀點都從客戶那邊得到許多有用的訊息。以I先生的例子來說，像是在某些部分增加必要的泥土地，還有拆除不需要的馬路交界基礎等等，有許多事情都必須早一點請建築師或工程店幫忙處理(其他還有地下管線的位置或玄關磁磚等等，都可以先提出建議)。如果您計畫未來將進行房屋外觀改建工程的話，不妨在房子動工之前，先討論一下如何呢？(景觀設計師、二級造園施工管理技士)

⬆ 儘管材料用簡單的RC素材，依然能與植栽、天然石角柱．磁磚等不同的素材融合，打造出溫馨、有味道的房屋外觀，再加上照明，能添加更多暖意。

享受不斷變化的房屋外觀

這是大門周邊的工程實例。客戶的要求是「簡單又帥氣」及「喜歡RC（只用水泥鑄成）跟石材」，所以整體以RC為主角，構成這簡單的設計。

放門牌與信箱的牆壁是以RC與粉刷修飾，呈現厚重的感覺。日間呈現的景色，看起來彷彿與建築物融為一體，是很簡樸的設計，為了在傍晚開始時讓人感到一些玩心，所以在幾個地方嵌入「燈光」。

為了掌握石材建造起來的形象，我們一起到合作的廠商去看實品，就確認的意義來說，我覺得意義非常重大。

Planner's Comment

武井　泄月袴小姐

這次我刻意不要用太多的顏色。由於建築物面對著彎大的主要道路，所以我以與周邊景色的調和為參考的目標，重點放在「樸素的多寡」上，沒想到反而做出「成熟風格的感覺」，完成不錯的作品。由於這些話我當時並未告訴T先生，這次他也許會覺得很驚訝吧…（苦笑）。（景觀設計師、二級造園施工管理技士）

由下往上看門壁。

感覺很俐落的門牌。這是日間的景色。

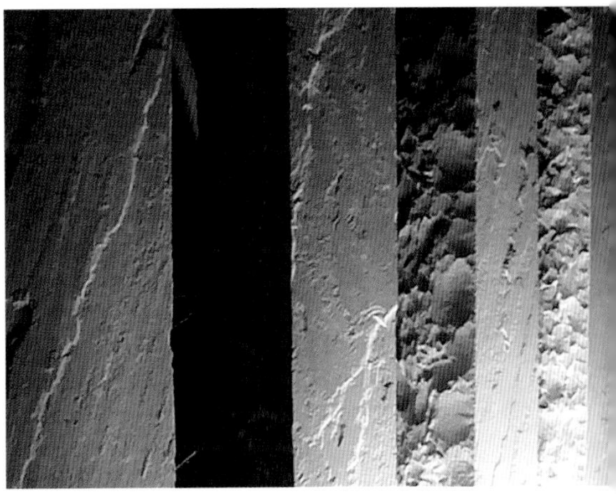

照明之下的天然石角柱。

由上往下看門壁。為了讓人感到玩心而嵌入的「燈光」。浮現美麗的陰影。

門壁下方種著紫色的草地鼠尾草。

山梨縣T宅
施工面積＝約36坪
施工期間＝約60天
費用概算＝約160萬日元
設計・施工＝Office Takei (參閱P96)
設計師＝武井　泄月袴小姐

夜間全景。如夢境般美麗的石頭花園。

街道、建築物、自然相互融合的房屋外觀

K宅有一個受大自然眷顧，一年四季分明的前庭。經過長年的構思，終於建造完成充滿K先生夢想的獨特住宅。正因為這個緣故，K先生表示他對於房屋外觀的想法和堅持也特別多，絕對不容妥協。K先生的要求是簡單又能感受自然的設計，而且要能搭配住宅。要用什麼樣的房屋外觀，來呈現這個充滿獨特想法的住宅呢？我在工程現場不斷思量。

住宅的位置位於幹線道路分支的盡頭，所以我很重視從馬路上看到的景觀。我特別注重於構造物與樹木的配置，讓所有人只要一轉進馬路目光就會停留在房子上。

決定動線之後，接下來就是素材。我堅持的素材是「紅磚」與「石材」。素材的色彩要配合建築物的色調，紅磚則以不均的色彩表現自然的風格，石材儘可能融合鋪設的亂形石與堆積的天然石，來搭配色彩。運用各種不同的素材與顏色，整體將失去一致感，看起來很凌亂，不知道應該看哪裡。如此一來，就成了一個與馬路、建築物、自然融合的房屋外觀。

回家的時候，第一個迎接主人的是呈現自然的庭園，庭園的正面是大量使用7t天然石的壯大地石堆斜坡。打造成石頭花園的風格。接著是象徵樹木，仰望高達5m的四照花，再穿過以嚴選素材的紅磚砌成的門袖，一直到走道處。大門周邊是決定一個家的印象的重點，為了呈現厚重感與高級感，我用雙層紅磚砌成。

仰望象徵樹木四照花，再穿過以紅磚砌成的門袖，一直到走道處。

回家的時候，壯大的石堆斜坡迎接主人。

走道右側是大大的繞了半圈橢圓形的斜坡。

Planner's Comment

宮井　完治先生

規劃的目的在於建築物與外觀諧調，能讓人度過閒適、優雅的生活。這裡使用許多紅磚及天然石，展現壯碩的規模。希望客戶能感受時間的流逝。

為了呈現門袖的厚重感與高級感，用雙層紅磚砌成。植栽的植物是紐西蘭麻、銀姬小蠟等等。

千葉縣K宅
施工面積＝約60坪
施工期間＝約30天
費用概算＝約650萬日元
設計・施工＝Ma'am Garden
（參閱P96）
設計師＝宮井　完治先生

巧妙的運用土地的高低差，配置高度不同的紅磚牆，呈現整體深度。因為雙層紅磚砌成的門袖與樓梯的袖壁（紅磚砌成的植栽容器）是R（曲線）形狀，所以一個個仔細的切成梯形，從這裡可以窺見工匠的堅持與技術。

走上走道左側的樓梯，山茶花從R的紅磚植栽容器溫柔著迎接訪客的到來。走道右側設了一個大大的繞了半圈橢圓形的斜坡。站在這裡可以眺望有四季分明的石頭花園，在中央配置大柄冬青樹，宛好正在山間小徑散步似的。而中途設有一個平台，可以在這裡休息。

不久的將來，K先生會把母親接過來，就算雙腿不良於行，也可以利用斜坡觀賞，表現他堅持當中溫柔的一面。夜裡在斜坡與入口周邊都有設置照明，夜間展現與日間完全不同的景色，宣立它的存在感。正面左側是足以停放3輛車的停車空間，隨時歡迎訪客。此外，水泥地的設計加入經磨洗修飾，感覺很自然的R。

庭院的部分，為了讓人充分欣賞前庭的風景，設了一個有如瞭望台般寬大的木製露台。我可以想像出K先生站在這裡飽覽風景的模樣。

驗收的時候，K先生對我說了許多筆墨難以形容的感謝之詞，我覺得他太抬舉我了。就這樣我又完成了一個馬路與房子與自然完全融合的景觀。

⬆ 這是正面全景。大量使用曲線，有如舞台一般的入口走道。

有如舞台般浮現的曲線房屋外觀

H宅位於有著許多時髦外構的新興住宅區一角。H先生的委託是開放式的時髦停車場與玄關周邊。

為了不讓玄關周邊感覺太狹窄，我將防土牆和門柱一體化，設計成流暢的曲線。

此外，為了呈現歐洲的古董風格，我用紅磚打底，打造出白色的漆牆。

針對最喜歡車子的H先生，我特別用舖裝材在天井（中庭）做了一個輪胎的形狀。讓他可以一邊暢飲啤酒，一邊沈浸在愛車的夢裡。

➡ 從天井可以眺望男主人心愛的車子。

曲線的階梯，呈現奢華的氣息。

故意讓紅磚從漆牆裡露臉，有股古董的風味。

夜間的照明溫暖的迎接家人的歸來。

漆牆後面也有燈光，照亮主要樹木四照花的分株。

停車場的地面嵌入彈珠。在光線照射下反射著耀眼的光芒。

岩手縣H宅
施工面積＝約240坪
施工期間＝約30天
設計・施工＝房屋外觀椺樹(參閱P96)
設計師＝筑後　英夫先生

Planner's Comment

筑後　英夫先生

我做出有近未來感的防土牆和門柱，有著流暢曲線的防土牆當成植栽的花器，以及與防土牆一體成型的門柱。走在樓梯上的人成了主角，感覺好像站在舞台上。

天井的地面用舖裝材做了一個輪胎的形狀。
舖裝材＝四國化成工業「Link Stone」

有可愛漆牆的庭園

此為大門周邊的全景。很柔和的設計，有著曲線簡單又柔和的漆牆及傾斜的花壇。

壁材＝四國化成工業「Palette」
信箱＝Dea’s Garden「stucco」

➔玄關旁邊種著象徵樹木四照花，腳邊用紅磚環繞。

➔漆牆下方用紅磚較小的那一頭豎起建立植栽空間，種植針葉樹「Blue Heaven」。

H宅建於新興住宅區。隔壁就是公園。H宅的庭院排水非常不好，從周遭流過來的雨水會在院子裡形成水窪，這個問題一直困擾著H先生。因此H先生有幾個具體需求如下：

①想要一個有漆牆的可愛庭院。
②想要一個設計柔和簡單不僵硬的庭園。
③想要種植喜歡的四照花、連香樹、針葉樹。另外象徵樹木希望能用紅磚圍繞。
④漆牆上想要有直立式水龍頭。此外，希望改善排水。

我先用漆壁環繞庭院的周圍，確保私密的空間。漆牆不用直線，而是採用簡單又和緩的曲線。漆牆前後交錯，呈現柔和的印象。再加入裝飾窗與狹縫（間隙），再加上照明，減輕壓迫感，夜裡也比較安全。漆牆下方用紅磚較小的那一頭豎起建立植栽空間，在牆面貼上部分的磁磚，做出漆牆剝落的感覺。植栽空間種植著針葉樹「Blue Heaven」。

入口的地面採用水泥地並且隨意貼上天然石，再加入玉龍草的草皮接縫改善排水功能，另嵌進彈珠添增玩心。

玄關旁邊種著象徵樹木四照花，腳邊用紅磚環繞。旁邊的漆牆上設了直立式水龍頭。

植栽空間種著四照花、娑羅樹分株、連香樹等等，讓人期待1年後植物長大的庭園風貌。

漆牆的背面，留有2個孩子的手印做紀念。

這是夜裡也可以欣賞的斗笠燈。

燈具＝「2號金色托座・Reflex」
門牌＝Only One「Iron Name Single」

這是鐵製的美麗門牌。

Planner's Comment

筑後 英夫先生

在眾多新興住宅地當中，這是想要打造簡單、可愛庭園的委託。可愛的漆牆加入少許的曲線，非常優雅。我重現紅磚漆牆在經過漫長時間後斑駁的樣子。

入口的地面加入玉龍草的草皮銜接，並嵌進彈珠添增玩心。

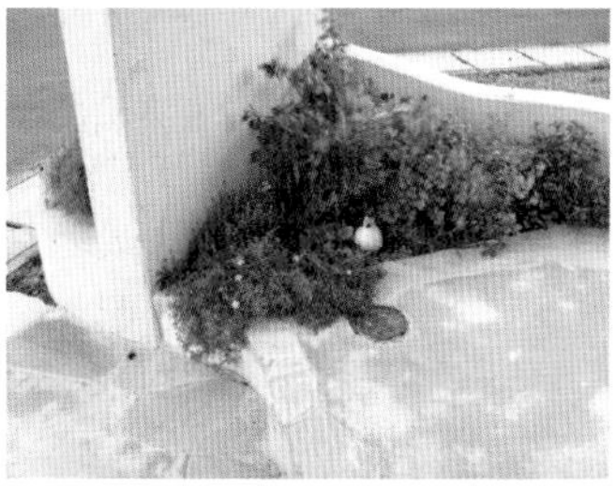

花壇中的植物是野芝麻、心葉牛舌草。

水泥地上有著隨意貼上的天然石。植物為百里香、羅馬洋甘菊、迷迭香、薄荷等香草。

天然石＝三樂「El Dorado Quartz」

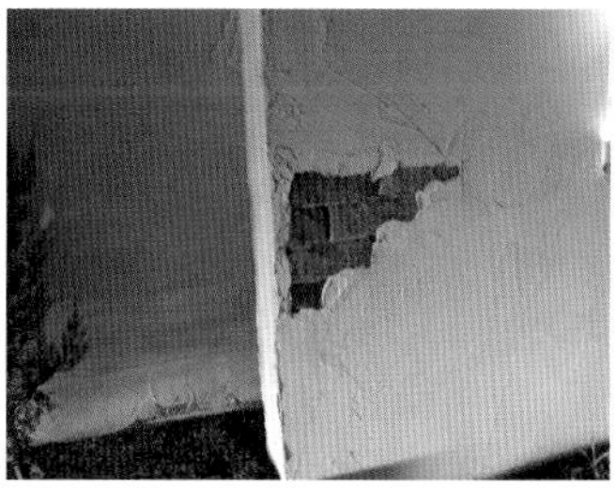

牆面貼上部分的磁磚，打造成磚牆剝落的樣子。

儲藏室是喜歡利用週末動工的男主人買材料來蓋成的。

木製露台竟然是男主人自己DIY建造的。

岩手縣H宅
施工面積＝約62坪
施工期間＝約30天
費用概算＝約115萬日元
設計・施工＝房屋外觀樅樹 (參閱P96)
設計師＝筑後　英夫先生

夕照美麗的大門周邊

➔此為玄關正面。利用附照明的門牌和碎磚頭，打造明亮的大門周邊。

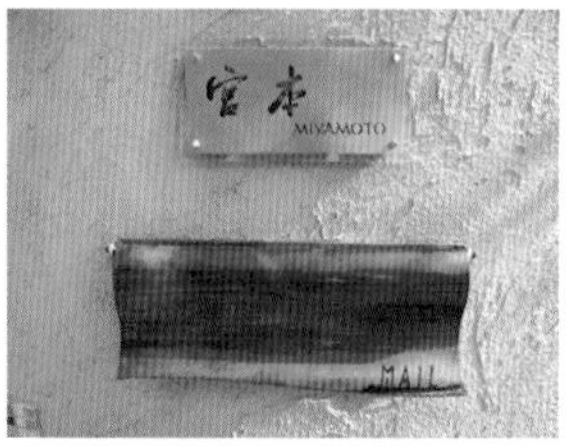

➔黃銅的訂製門牌附有照明。信箱是銅製品（上）。夜裡也很明亮（下）。

➔門袖下方敷著碎磚頭，再加上老窯磚。

Planner's Comment

高尾　百合子小姐

由於佔地位於社區深處，除了規劃周圍的協調之外，也留心於有自我主張的外觀。此外，設計了附照明的門牌以及在樹木打光，夜間也可以宣示房子的存在感。

M宅建在平地住宅街的一角。

M先生的要求是：

①想要一個開放又明亮的大門。

②除了庭院以外的部分，請設計成不會長出雜草的狀態。

③用樹籬遮住與鄰居交界處的舊圍牆。

④停車空間除了水泥之外，也要混入植栽。

由於M宅位於住宅區的最深處，為了提高辨識度，所以使用附照明的門牌，以及大量運用碎磚頭，規劃時將重點放在明亮、顯眼方面。

玄關前方立著漆牆的門袖，成為大門周邊的重點。是以馬賽克磁磚點綴。黃銅的特製門牌附有照明，夜間也很明亮。門袖下方鋪著碎磚頭，還放有老窯磚。

停車空間的地面鋪上水泥，再加入玉龍草的草皮接縫，並用鐵平石點綴。

與鄰居的交界處用Blue Heaven和銀姬小蠟打造樹籬，遮住舊圍牆。

除了露台之外，院子裡的其他部分都鋪設真砂土。

平面圖・立面圖

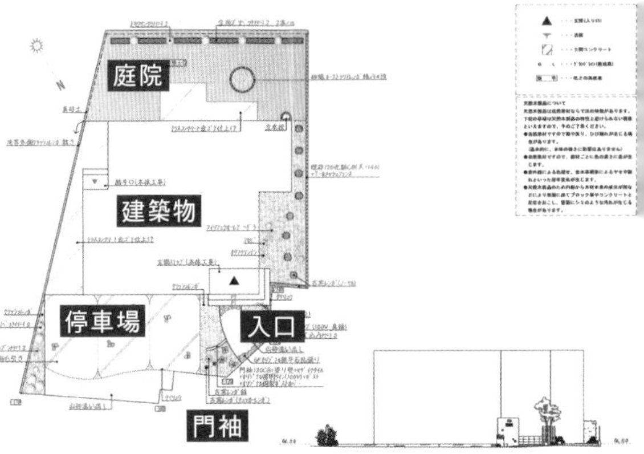

製作＝遊庭風流

⇧⇩ 這是漆牆門袖。日間的景色(上)與夜間的景色(下)截然不同。

⇧⇩ 鐵木(有如鐵一樣堅硬的木材)的角柱(上)。夜間的照明非常漂亮(下)。

⇧ 在碎磚頭裡加了老窯磚(Normal款)做為點綴。

⇧ 通路也用碎磚頭和老窯磚(Normal款)呈現明亮氣息。

⇧ 與鄰居的交界處種著馬醉木和五加。

⇧直立式水龍頭和漆牆都用紅磚，非常可愛。地面則鋪設真砂土。

⇦ 夜間用照明溫暖的迎接訪客。

⇧ 此為全景。大門周邊與建築物非常搭配。

福岡縣M宅
施工面積＝約45坪
施工期間＝約20天
費用概算＝約150萬日元
設計・施工＝遊庭風流 (參閱P96)
設計師＝高尾　百合子小姐

附照明的招牌(門牌)加裝了定時器。

配合圓形的門燈，位於樹木下方的照明打亮玻璃磚，使玄關周邊受到柔和光線的包圍。

於門前有如山中小屋風格的花園燈。

於門袖上的玻璃磚加上社區的標誌。

停車空間混合鐵平石和老窯磚，描繪出一個圖案。

雖然只有8戶，看起來卻像是某處的旅館，是一個獨特的空間。

整個街頭一併照明呈現出華麗風情

這是劃分成8區的F建售住宅。客戶的要求是於老房子林立的街頭，呈現可以抓住現代人的心的房屋外觀。

以整個規劃來說，統一使用的材料、整體設計統一，再利用顏色來表現其中的差異。附照明的招牌（門牌）加裝定時器，8棟房子到了指定的時間就會同時亮燈，雖然只有8戶，看起來卻像是某處的旅館，是一個獨特的空間。

在門袖上的玻璃磚加上社區的標誌。照明全都是採用12伏特的低電壓燈具，並選擇其中設計感良好的產品。

停車空間混合鐵平石和老窯磚，描繪出一個圖案。

Planner's Comment

田中　花菜枝小姐

這是一個劃分為8區的建售住宅，因此我並沒有破壞完工後的樣式與外形，而是在顏色上做變化。由於社區整體來說比較狹窄，為了不讓房子看起來很窄小，我在樓梯位置和交界處的模樣下了一些工夫。照明門牌、花園燈+從房裡露出的溫暖燈光，夜裡真的成了8戶獨立的另一個空間。

福岡縣F建售住宅
施工面積＝約20坪
施工期間＝約21天
費用概算＝約800萬日元
（每件約100萬）
設計・施工＝遊庭風流 (參閱P96)
設計師＝田中　花菜枝小姐

今昔融合，成為心靈寄託的花園

⇧ 以門袖代替投影幕，呈現青銅招牌的影子畫。這運用照明的夜間庭園堪稱絕景。

⇧ 在古窯磚(通風口)嵌進彩色鑲嵌玻璃雕塑，內側安裝投射燈。另在雕塑前放著飄流木，沖淡華麗的感覺。

⇦ 這是使用大分·日田的樹製成的柴薪與古窯磚打造的花壇。

⇦ 小河的水從壺裡流出，發出清澈的水聲。鏘魚與水草共存於河中。在3處散出水的漣漪，營造出水源的印象。

福岡縣S展示場

施工面積＝約60坪
施工期間＝約14天
費用概算＝約400萬日元
設計·施工＝遊庭風流 (參閱P96)
設計師＝中村 勉先生
田中 花菜枝小姐

這個現場是位於福岡縣與福岡市鄰接的大型綜合展示場。融合過去的材質與現代的素材，在都會中看到它將會驀然留下腳步，是個能讓人鬆一口氣的花園。

由於這裡是住宅展示場，所以採用迴遊式的入口，讓人可以輕鬆進入內部的動線設計。「樹幹椅子」、「柴薪花壇」、「木馬」用了大分·日田的樹，有著拱橋的小河流，鏘魚悠游其中，還有用古窯磚與彩色鑲嵌玻璃製成的雕塑，以及許許多多的植栽，可以撫慰人們疲憊的心靈。階梯採用真砂土鋪裝再隨意貼上小石原燒，呈現穩重的情景。

這個花園利用照明與光影，日與夜的景色變化非常大。尤其是夜間花園，在打光上下了許多工夫。請不要錯過以照明打造的「青銅招牌的影子畫」、「古窯磚與彩色鑲嵌玻璃的雕塑」、「小河流水口的漣漪」。

Planner's Comment

中村 勉先生　**田中 花菜枝**小姐

由於這是展示場，所以照明稍微多了一點，將彩色鑲嵌玻璃嵌進古窯磚的照明表現，是前所未見的點子，非常成功！是一個兼具華麗又具柔和、溫暖的呈現。

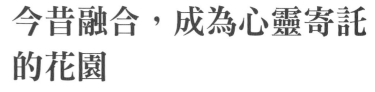

這是日間大門周邊的全景。

平面圖・立面圖・立體圖

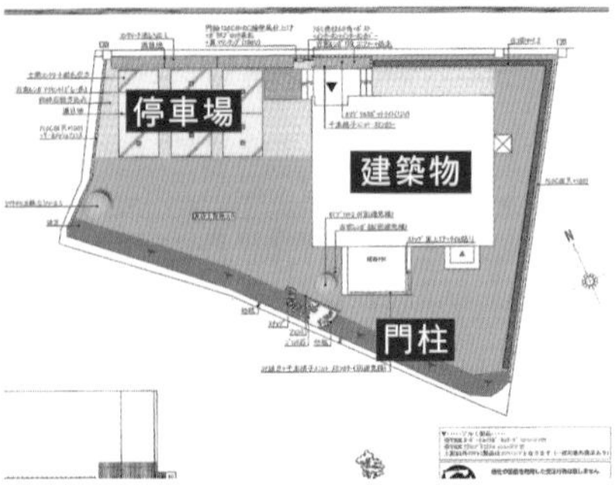

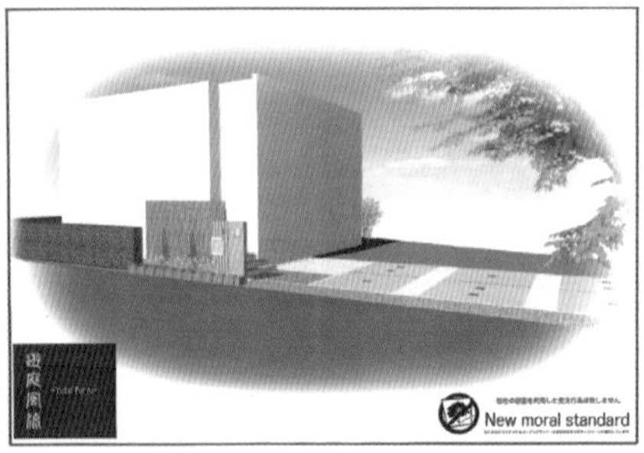

製作＝遊庭風流

福岡 I 宅
施工面積＝約80坪
施工期間＝約20天
費用概算＝約200萬日元
設計・施工＝遊庭風流 (參閱P96)
設計師＝中村　祐子小姐
高尾　百合子小姐

這是夜間大門周邊的全景。

門牌以義大利製的玻璃磚製成，然後在牆背後裝上船舶燈。門牌在夜裡會發出柔和的光線。

在玄關前方與後院，建了人工木柵當屏蔽。柵欄的線條非常美。
人工木柵=Takasho「Ever Art Wood」

玩興十足，簡單時尚的房屋外觀

新建的I宅。要求是能夠搭配簡單時尚建築物的簡單外構。於是在簡單之中，我們也在各處用玩心加入許多點綴。

以義大利製的玻璃磚製成門牌，然後在牆背後裝上船舶燈。門牌在夜裡會發出柔和的光線。

另外在玄關前方與後院建造人工木柵當屏蔽。

整體來說，鋁和不鏽鋼材質比較多，所以我們妥善運用植栽或古窯磚等天然材質來補足。

庭院有一個利用水田的水渠，可在這裡洗菜，孩子也可以這邊玩水。這是在自然豐富的地方才能完成的規劃。打造出一個時尚又充滿玩心的成品。

Planner's Comment

中村　祐子小姐　**高尾　百合子**小姐

房子的外觀當然就不用說了，從反覆討論中我們可看出客戶的氣質，設計時我們很注意配合客戶的氣質。I先生與太太溫柔又時尚，兩人都對成品感到非常滿意。

用柔和的光線迎接歸來

夜間，大門周邊樹木的投射燈、門牌與玄關柔和的光線都在迎接訪客的到來。

平面圖・立面圖・立體圖

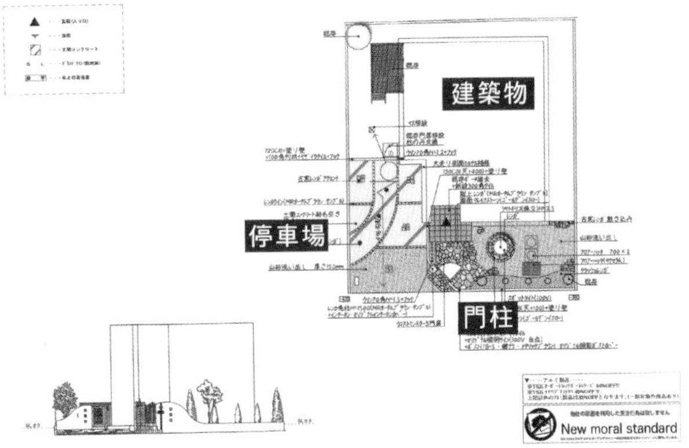

製作＝遊庭風流

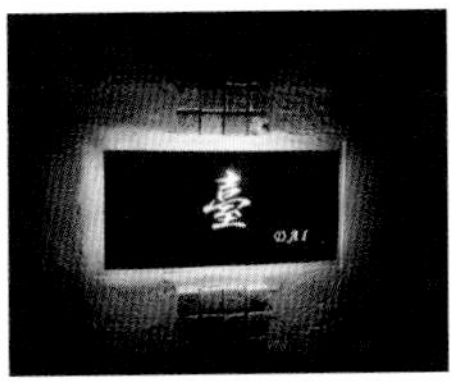

這是本公司(遊庭風流)獨家的附照明門牌。

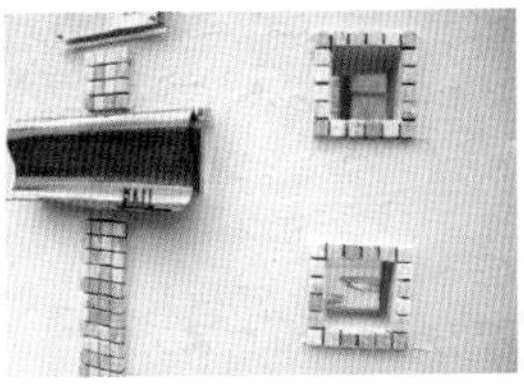

全體使用柔和的色調，並以銅製信箱罩與馬賽克磁磚做點綴。

福岡縣D宅
施工面積＝約20坪
施工期間＝約25天
費用概算＝約270萬日元
設計・施工＝遊庭風流（參閱P96）
設計師＝中村　祐子小姐・高尾　百合子小姐

夜間的大門周邊(上)與日間的大門周邊(下)。各自展現不同的風情。

象徵樹木是光蠟樹的分株。

這是房屋外觀改建的實例。D先生的要求是希望拓寬目前停車場前方的寬度。

於是我們拆除原有的磚牆，新建了一道曲線漆牆，以確保寬敞的停車空間。

全體使用柔和的色調，再以大門周邊附有照明的門牌及裝上信箱罩與電鈴罩做加強。

夜間，大門周邊樹木的投射燈、門牌與玄關柔和的光線都在迎接訪客的到來。

加入玩心，且感覺和諧的房屋外觀

投射燈將光蠟樹的影子映在漆牆上。

漆牆宛如雕塑般，美麗的浮現著。

漆牆的照明和樹木的燈泡可供人欣賞。

日間的景色。

鐵製的燕子雕塑相當可愛。

福岡縣H宅
施工面積＝約6坪
施工期間＝約10天
費用概算＝約50萬日元
設計・施工＝遊庭風流 (參閱P96)
設計師＝高尾　百合子小姐

H宅的所在地周圍多採用紅磚的統一外構。由於附近開了一家大型超市，往來的行人也變多了，於是想要有個屏蔽。

為了融入以紅磚為基調的外構氣氛，我用顏色較不誇張的漆牆當屏蔽。

另一方面，交互的配置3道R（曲線）漆牆，呈現動感十足的歡樂氣息。另外再加上燕子的鐵製雕塑做為點綴。

到了夜裡，船舶燈照亮燕子雕塑，投射燈將光蠟樹的影子映在漆牆上，呈現夢幻的影像。

Planner's Comment

高尾　百合子小姐

這個迷你社區在附近也是很有名的，因為整個社區會一起裝飾聖誕燈飾。每當這個季節，低電壓燈泡的照明將會發揮它的作用，使聖誕燈飾更醒目。聖誕以外的季節照明也會照亮光蠟樹和燕子，打造出明亮的氣氛。

兼顧美觀與安全的時尚照明

⇧ 這是夜間大門周邊的全景。由於這裡是醫院，夜間的出入口附近盡可能設計的明亮一點。

⇧ 在自宅入口種植花草，溫暖的迎接訪客。

⇧ 醫院的出入口設置和緩的坡道和導盲磚，以確保安全。

大阪府M宅
施工面積＝約5坪(生態花園部分)
施工期間＝約10天
費用概算＝約50萬日元
設計・施工＝三光房屋外觀
（參閱易P96）
設計師＝田村　友和先生

⇧ 夜間的自宅入口，以投射燈美觀的照亮腳邊，又很安全。
投射燈＝東洋房屋外觀「PH18」

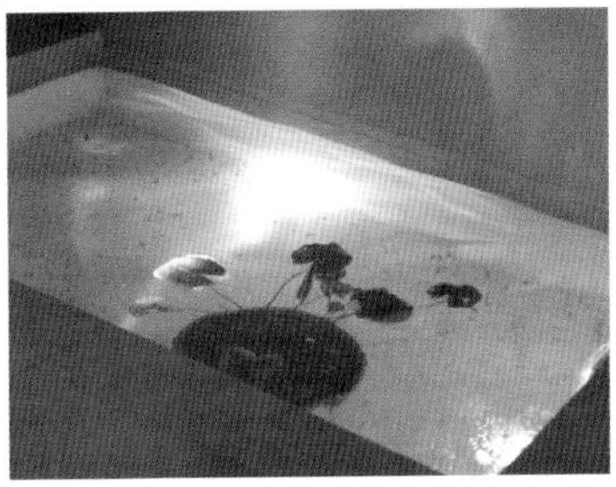

⇧ 舒緩心情的生態花園。

⇦⇩從候診室可以看見有著徐徐流水的生態花園，舒服的水聲與自然搖曳的光線，舒緩病患的心情。到了夜裡，悠悠晃晃的光線在一整面白牆上打造出夢幻的空間。從兒童到老年人都非常喜歡這個空間，M先生也非常高興。

M宅位於大阪府，自宅就是工作場所。由於這裡是醫院，因此我以讓來訪的病患感到「在安全又悠閒的空間受到治療」為主題做設計，這也是M先生的要求。

由於有些病患的雙腳或眼睛不太健全，設計時盡可能讓這些病患安全又安心，並且我非常細心的營造安全、療癒的氣紛。

尤其是病患在這間醫院會待上最久的候診室，我設計了一個水波流動、光影搖曳，光聽到聲音就能撫慰人心的生態花園（有動植物生息的庭園）。

Planner's Comment

田村　友和先生

M宅的自宅和醫院都在同一棟建築物之中。M先生的要求是重視日夜間的安全性，又要美觀，為了撫慰病患與訪客，我用了許多照明，以及嚴格挑選不容易滑的材質進行設計。

利用照明強化安全

排版＝橋本祐子（P60～63）

⬆ 玄關周邊的傍晚景色。設置於低位置的燈台也貼上馬賽克磁磚，光線落在濕濡的磁磚上，十分夢幻。

⬆ 這是玄關周邊的光線溫柔的迎接訪客。

➡ 此為正面。草皮放入可以停4輛車的停車空間，溶入周邊的景色。

T宅是位於千葉縣千葉市若葉區貝塚町的住宅區。T先生對於房屋外觀的要求是建築物前方必須有一個可停放4輛車的停車空間。因此入口走道勢必會比較長，我非常擔心是否能妥善設計。

此外，瓦斯桶就設在大門的附近，T先生希望能用什麼建造物把它遮起來。

T宅的建築物厚重感十足，窗子和以紅磚圍繞玄關的風格，成了高雅的點綴。

首先，我從設計重點「停車空間」的部分開始構思。由於可縱列各停放2台車的停車空間是絕對的條件，因此我將水泥切割成小塊，並在狹縫（縫隙）放入草皮，減輕冷冰冰的感覺。

我認為走道應該是最重要的展示，應該更有份量。我反過來利用深度，刻意使用難以用在狹小空間，具有個性的磁磚。而且我也改變角度，加上活潑的感覺。

親切地引導至入口的照明

被雨水淋濕的磁磚反射著燈光，呈現夢幻的氣息。

這是全景。由於必須要有可停放4輛車子的空間，所以入口走道也比較長。走道是最重要的展示，刻意使用有個性的磁磚，成了有份量的入口。

從玄關眺望入口走道。

R(曲線)牆壁其實是為了遮掩瓦斯桶而造的使用色彩柔和的磁磚，使其溶入走道之中。

這是磁磚燈台，放著船舶燈。

2種不同的馬賽克磁磚打造柔和的印象。

以T先生最喜歡的白色信箱做點綴。

千葉縣T宅
施工面積＝約120坪
施工期間＝約20天
費用概算＝約300萬日元
設計・施工＝Ma' am Garden (參閱P96)
設計師＝宮井　完治先生

玄關旁邊有個瓦斯桶這個大問題，我大膽的築了一面牆，再貼上2種不同的馬賽克磁磚。並且加上T先生最喜歡的白色信箱做點綴。

接著我在朝向前方馬路，等於出入口顏面部分的部分設置角柱，打造一個較低的燈台，可引導來訪的客人。

即使在剛下完雨的夜裡，我也希望呈現溫暖的氣息，於是我在燈台上也貼了大理石的馬賽克磁磚。當光線落在濕濡的磁磚上時，看起來非常的夢幻，很漂亮。雖然乍看之下全都是磁磚，好像這些材質快要吵起來了，但是卻沒有損及建築物的外觀，成品保留了建築物的高雅氣質。

新居落成的同時，屋主也生了第一個孩子，洋溢著滿滿的幸福，我也感覺很溫馨，而且非常高興。

Planner's Comment

宮井　完治先生

客戶的第一個要求就是建築物前方要有可停放4輛車的空間。為了不使外觀過於鬆散，我重視走道的設計性，專注於保持整體平衡。在這裡我用了許多磁磚，還增加少許玩心。

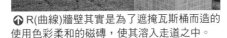

感動與治癒效果的和緩曲線

⬆ 被無色又柔和的光線包圍的照明。

立體圖

製作＝向日葵生活

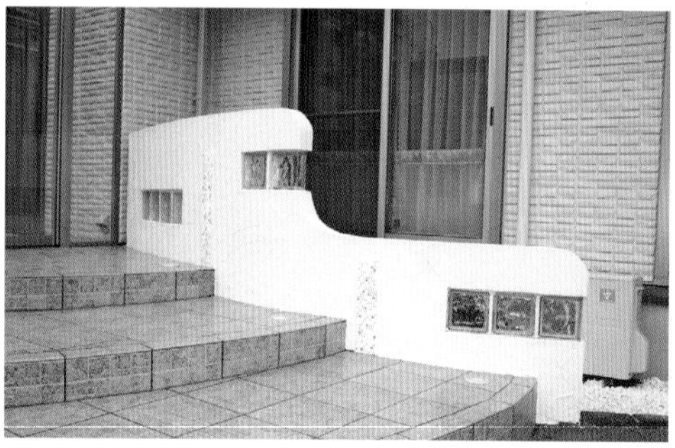

⬆➡ 從日間的景色(上)完全無法想像夜間的景色(右)。

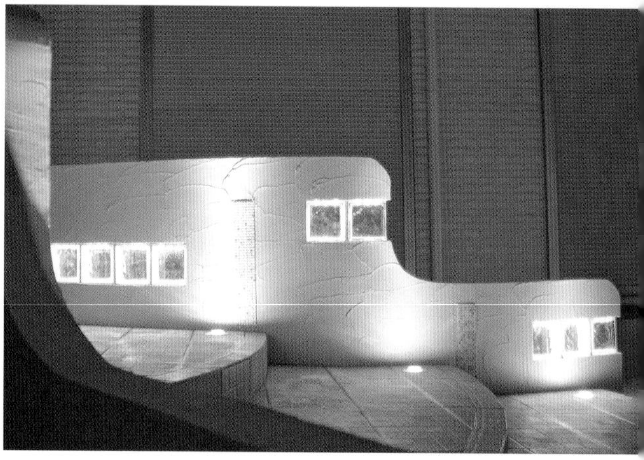

⬇ 使用了引導燈，腳邊也很安全。

引導燈＝Takasho「小路燈」

Y宅是新建的房子，在看了本公司（向日葵生活）的宣傳單後，便來委託我們設計。

在起居室前方設置了陽光露台以及通往陽光露台的走道，且為了方便從各個地方進出，在走道貼上曲線和緩的磁磚，另外在白色的裝飾牆上四處點綴馬賽克磁磚。角落的邊角使用磨圓的玻璃磚，使夜裡的照明呈現柔和又夢幻的空間。

通往深處的庭園小徑用的是水泥製的枕木與大片石板的組合。兩旁的植栽空間以「漫步時感到季節的遷移」為主題，所以選擇高度超過3m的光蠟樹做為象徵樹木，腳邊則種植色彩豐富的灌木。最後，種植植物時沒有使用會在季節結束時凋零的花朵，而是以宿根草為主體。

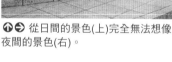

腰壁部分採用與建築物相同材質，企圖使建築物與陽光房合而為一。

此為施工前(左)與施工後(右)通往陽光露台的走道，為了方便從各個地方進出，在走道貼上曲線和緩的磁磚，並在白色的裝飾牆上四處點綴馬賽克磁磚。

通往深處的庭園小徑用的是水泥製枕木與大片石板的組合。

設計師親自種植的狀況(左)與工匠的施工狀況(右)。

Planner's Comment

浦崎　正勝先生

因為我是從工匠熬上來的設計師。所以在規劃嶄新的設計時，我都會對於是否能夠在現場實現這件事感到煩惱。規劃的同時，我也和這次一起工作的工匠們討論，煩惱也都因此得到解決。未來我也會以工匠的觀點及現場的觀點來進行規劃。

這是呈曲線的西式牆壁兼直立式水龍頭。正面裝著可愛的海豚水龍口，背後還有一個水龍頭…。澆水或是使用水管時，只要使用背面的水龍頭，就可以把澆水器具收納在看不見的地方。

在起居室前方設置陽光露台
陽光露台＝東洋房屋外觀「Cocoma腰壁型」
玻璃磚・300角方的磁磚＝Takasho「訂製玻璃磚燈」、「磁磚Vira Giardini」

兵庫縣Y宅
施工面積＝約35坪
施工期間＝約20天
設計・施工＝向日葵生活(參閱P96)
設計師＝浦崎　正勝先生

從玄關通往庭園的小徑。

鋪裝材
＝四國化成工業
「天然石鋪裝材
Link Stone」

利用玻璃磚&玻璃門柱美化

排版＝橋本祐子（P64～72）

使用玻璃，迫力十足的房屋外觀革命

夜間的大門周邊全景。使用大型玻璃與大量玻璃磚，酷勁十足的打造建築物的時尚氣息。
門牌・不鏽鋼橫木＝ZERO「訂製設計玻璃」 信箱＝Only One「Timbuktu」磁磚・腳邊燈＝Takasho「磁磚Focco dera tera」・「地埋燈」、「LED 燈條」

⬆ 此為施工前的狀態

立體圖

製作＝向日葵生活

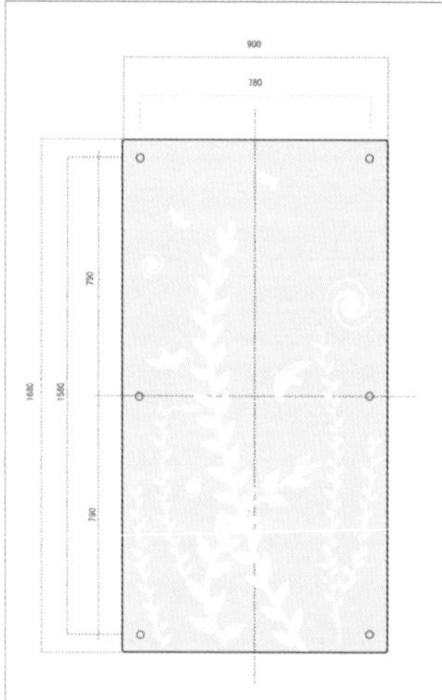

➡ 以螺栓牢牢固定，萬一玻璃破損，隨時都可以替換。

➡ 圖為夜間門柱玻璃上的繪圖。植栽是紐西蘭麻，象徵樹木是光蠟樹。

➡ 圖為門柱玻璃上的繪圖。微微透出背面的馬賽克磁磚，有別與夜間的印象。

M宅有著俐落的建築外觀。M先生是看了刊登於季刊雜誌「房間外觀&庭園」上的本公司（向日葵生活）的施工範例，於是來找我們討論。

原來本公司接受的工程施工地區僅限於兵庫縣以內，但由於M先生非常喜歡本公司的設計，於是我們想要回應他熱切的心意！所以從規劃到施工都由本公司完全負責。

從外觀可以看到我們用了大型玻璃與大量玻璃磚，這兩種都是可以打造酷勁十足的建築物時尚氣息的材質。

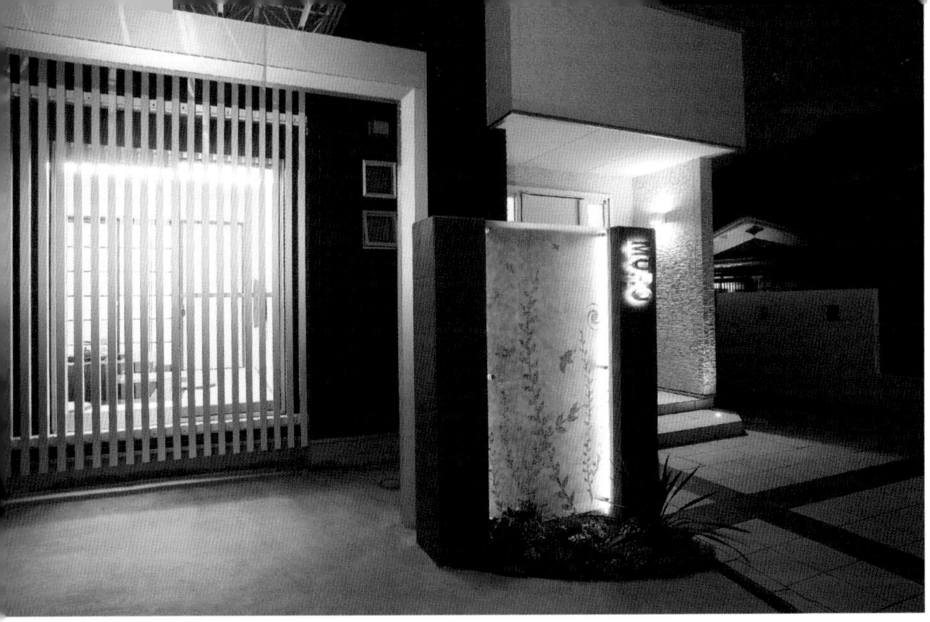

從和室流洩出來的光線色彩，調和了整體光線的色彩，表現出溫馨的暖意。

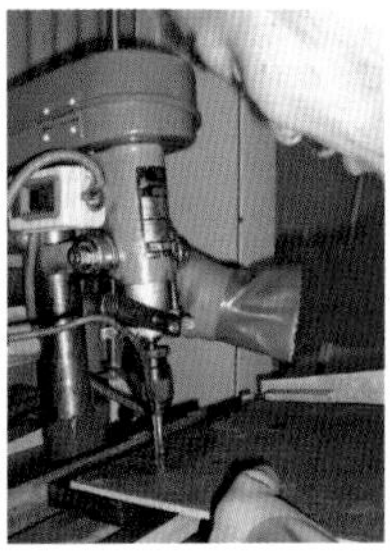

ZERO的片岡統先生(左)與浦崎正勝先生(右)。

ZERO與本公司合作製造的門牌與門柱。這是遇到任何問題都不放棄，經過不斷的錯誤嚐試，所打造出來的成果。

玻璃磚設計者的建議材質。設計圖的提案就不用說了，如果沒有相應的施工技術，是無法組裝出這副圖的。不過成品非常有存在感。

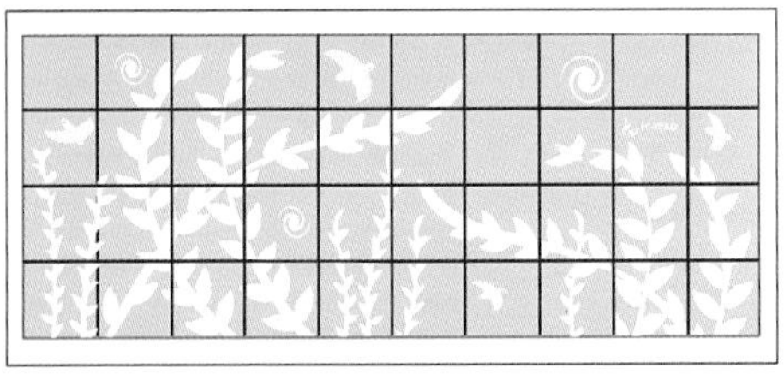

門柱配合不鏽鋼信箱的設計，是一個呈曲線的美麗設計。

在玻璃磚表面挖出設計的圖案，隨著燈光亮起呈現夢幻的氣氛。除了玻璃之外，邊緣的磁磚面也加入小鳥的圖案，整面牆訴說著故事性。

用色彩時髦的磁磚，打造玄關的深度。

隨著欣賞的角度不同會展現出不同的風貌，就連路過的行人也直盯著看。這變化是在設置時就考慮到的。

奈良縣M宅
施工面積＝約30坪
施工期間＝約30天
費用概算＝約420萬日元
設計・施工＝向日葵生活 (參閱P96)
設計師＝浦崎　正勝先生

Planner's Comment

浦崎　正勝先生

雖然現場離我們的公司非常遠，但是我們還是經過綿密的討論，除了規劃之外，施工也由我們負責，成品的設計方面能滿足客戶的需求，我打從心裡感到喜悅。

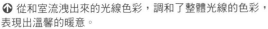

精練、簡單又時尚的大門周邊

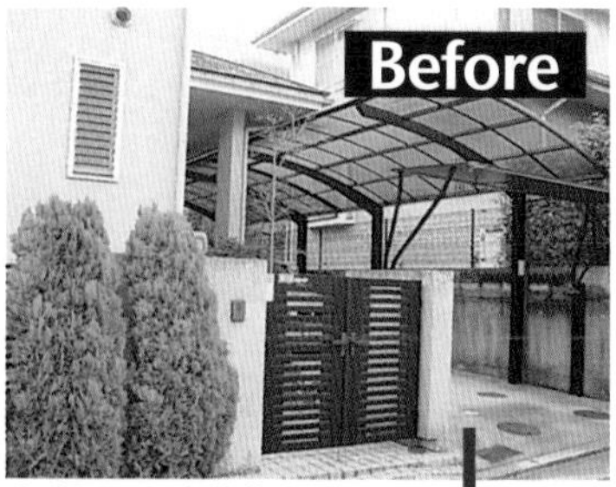

這是改建前的全景。

這是改建後的全景。成了精練、簡單又時尚的大門周邊。

白色磁磚孕釀出絕妙的透明感，給人清爽的印象。

組合高度不同的牆面，呈現立體的印象。

這是從側面看門壁的狀態。

在黑暗之中間接亮起的玻璃磚，讓門邊變身為夢幻的空間。

兵庫縣M宅
施工面積＝約5坪
施工期間＝約10天
費用概算＝約150萬日元
設計・施工＝向日葵生活 (參閱P96)
設計師＝浦崎　正勝先生

立體圖

製作＝向日葵生活

從內看的狀態。燈具的光線使高低落差在黑暗中也很明顯，比較安全。

※使用素材
門扉・車庫門扉・門牌橫木＝東洋房屋外觀「Life Modern門扉」・「Life Modern Over Door」・「Color Coping」
玻璃磚・燈具＝Takasho「轉角用玻璃燈」・「小路燈」

M宅的建築物外觀相當雅緻。M先生看了本公司（向日葵生活）的新聞夾報，於是到我們的店裡參觀。

M先生對於採用光線的設計感到興趣濃厚，但是又不喜歡過於誇張的設計，於是在設計時，我採用沈穩、清潔感十足的印象。

門壁不用塗漆而是使用磁磚，不容易髒，維護也很方便。

組合高度不同的牆面，呈現立體的印象。大膽的加進玻璃磚，再間接由下方透出光線，加強存在感，光是這樣就完成不誇張又時髦的成品。

門牌用的是設計師推薦的訂製品，雕著M先生的名字。在天色轉暗之後，雕刻的名字在光線的圍繞下，顯出的氣氛非常棒。

M先生表示：「跟我所想的一模一樣！」，並且感到非常滿意，對於設計師的我來說，也感到無上的喜悅。

Planner's Comment

浦崎　正勝先生

這次的外觀規劃以清潔的印象為主題。能夠完成與印象如出一轍的作品，是因為M先生是一位願意配合的客戶，並且也多次親臨本公司的展示中心，表達彼此的想法。

明亮、輕快又柔和的大門周邊

⬆ 這是改建後的全景(夜景)。是可愛的封閉式大門周邊。

⬆ 此為改建前的全景。

⬆ 此為改建後的全景(日景)。象徵樹木是四照花。門牌是本公司的特製品。

⬆ 考慮整體平衡，在R牆上設置開口，
再以發光玻璃磚的柔和光線輕柔的包住開口。

⬆ 此為從內側看的狀態。

立體圖

製作=向日葵生活

⬅⬆ 米奇的發光玻璃磚，光線非常夢幻。

兵庫縣O宅
施工面積＝約30坪
施工期間＝約27天
費用概算＝約350萬日元
設計・施工＝向日葵生活 (參閱P96)
設計師＝杉野　英一先生

※使用素材
門扉・信箱・柵欄＝ Dea's Garden「鄉村式門扉2型」・「粉刷U」・「R FIX柵欄2型02-02・2型02-06」
上掀門・停車棚＝東洋房屋外觀「Wild Over Door R2型48-10」「Major Port R Regular 2型48-10」「Major Port R Regular 27-50五
玻璃磚＝Takasho「玻璃磚燈米奇圖案・藍」

O宅建於角地。O先生表示「為了實現長達6年的夢想」，便帶本公司（向日葵生活）的宣傳單來到店裡。O先生的要求是「可愛的封閉式風格」，於是我們便進行規劃。

為了不讓柔和的R（曲線）西式牆壁呈現封閉的壓迫感，我不只單單用一面牆，而是改變高度，為R帶來豐富的變化。牆面加上發光玻璃磚和開口，再用孩子最喜歡的迪士尼圖案發光玻璃磚點綴。

門扉、信箱、柵欄統一採用鄉村風格，紅磚橫木（橫放在R牆最上方的）完全展現可愛的風格。

Planner's Comment

杉野　英一先生

客戶表示這是他描繪了6年的庭院，想要藉著這個機會實現，我也聽客戶說了許多的細節。客戶對於庭園的想法很紮實，可以幫忙他創造庭園，我也覺得很高興。

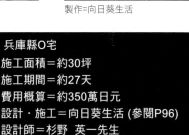

玻璃磚的幻想風情

福岡縣F建售住宅
施工面積＝約30坪
施工期間＝約14天
設計・施工＝遊庭風流 (參閱P96)
設計師＝田中　花菜枝小姐

F建售住宅是每區100坪的透天厝社區。為了消除老舊社區給人的感覺，所以使用大量玻璃磚造成雕塑，再從背後投射燈照亮，展現門袖的夜間景色。玻璃磚上還有F社區的標誌。

門牌也用不鏽鋼製品，不會生鏽，夜間點亮門牌的船舶燈，有如夜光的效果。

將漆牆刷成白色，再用綠色的植栽和緩整體的氣氛。

➔ 從玻璃磚雕塑的背後以投射光照亮，展現門袖的夜間景色。

➔ 玻璃磚上還有F社區的標誌。

➔ 漆牆刷成白色，再用綠色的植栽和緩整體的氣氛。

Simple is Best

福岡縣M宅
施工面積＝約30坪
施工期間＝約15天
費用概算＝約150萬日元
設計・施工＝施庭風流 (參閱P96)
設計師＝高尾　百合子小姐

➔ 在玻璃磚上留下家人的手印做記念。

M宅建於劃成4區的迷你社區。是從主要幹道一直通到深處的旗竿型土地，客戶表示希望讓訪客能夠清楚辨識門牌。

為了配合建築物的外牆，基本上都使用無色彩的素材。大門圍牆配合外牆的圖案，設計成縱型的牆面。大門圍牆的漆牆統一使用白色，不僅與周邊比較和諧，又具象徵性，能吸引眾人的目光。

另外也希望大家注意一下門牌與玻璃磚。在不鏽鋼門牌的背後打光，玻璃磚上留有家人的手印做紀念。

⬆ 大門圍牆的漆牆統一使用白色，具象徵性，又能吸引眾人的目光。

⬆ 圖為不鏽鋼製的門牌。

➔ 夜間也很醒目的大門圍牆。

⬆ 門牌在夜間用照明打亮。

⬆ 具遮蔽效果的漆牆。日間給人俐落的印象。

用家人的手印或筆跡留念

福岡縣N宅
施工面積＝約20坪
施工期間＝約14天
費用概算＝約200萬日元
設計・施工＝遊庭風流 (參閱P96)
設計師＝田中 花菜枝小姐

N宅位於交通量相當大的馬路。N先生的要求是希望能有某些程度的遮蔽性，但是又不想全部遮起來。

首先我先將磚頭堆高，製一面漆牆，將重點放在遮蔽上，但為了符合N先生的要求，將一部分改成柵欄。只遮半邊，並且使用穩重的色系，配合建築物。

嵌在漆牆裡的玻璃磚上加了屋主女兒的手印和本人親自寫上的名字。此外，特製的不鏽鋼招牌（門牌）上的字體是屋主母親的毛筆字跡。聽說屋主母親非常喜歡成品，也很高興。

儘管空間很有限，入口還是不顯得狹窄。

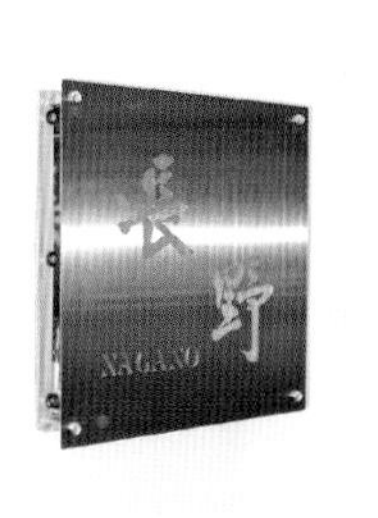

⬅⬆ 不鏽鋼門牌的字體是母親的毛筆字跡。日間很簡單(上)，夜間很醒目(左)。

⬆ 玻璃磚上是屋主女兒的手印和本人親自寫上的名字。

照明的熱門材質~玻璃

最近在房屋外觀的業界最受矚目的材質就是「玻璃」。不管是玻璃磚還是玻璃門牌，經過加工後都有各種不同的運用方式。

具設計性的門牌…

⬆ 以玻璃磚製成的美麗門牌。施工＝向日葵生活。

⬅ 給人俐落形象的玻璃門牌。製作＝ZERO。

加入手印或圖案…

⬅ 於玻璃磚上加入家人的手印做紀念。施工＝遊庭風流。

⬆ 發揮玩心，在玻璃磚上貼上海豚、章魚、海草等等的貼紙。施工＝遊庭風流。

招牌或寵物的門牌…

⬅ 將訂製玻璃板做為店裡顏面的招牌。製作＝ZERO。施工＝Okamoto Garden。

⬅ 寫著狗狗名字的玻璃門牌。製作＝ZERO，施工=向日葵生活。

🅾 此為夜間的大門周邊全景。隨處鑲嵌的圓型玻璃磚散發適度的光線，呈現柔和的空間。
玻璃＝ZERO「Glass Panel・Glazier」 燈具＝Takasho「LED 燈條」 圓型玻璃磚＝Only One「OPT」

大阪府N宅
施工面積＝約50坪
施工期間＝約15天
費用概算＝約300萬日元
設計・施工＝Okamoto Garden
（參閱P96）
設計師＝岡本 圭一郎先生

採用大量玻璃，高級感十足的自然風大門周邊

N宅建於寧靜的住宅街。地理環境是面東，東側面對馬路。N先生來到本公司（Okamoto Garden）展示場的時候，很喜歡廠商展示的車棚（屋頂），於是希望能夠使用此車棚，並一起改建大門周邊。

以建築物的氣氛來說，如果只裝上車棚，風格並不協調，為了要找到中和建築物與車棚之間氣紛的材質，當初可讓我傷透了腦筋。

後來我想到玻璃。在描繪曲線的牆面上，使用圓型的玻璃磚，成功的將玻璃特有的冰冷形象化為柔溫、柔和的印象。

此外，我也在夜景呈現上花了一番心思，雕在玻璃上的圖案形成的影子，可帶來最美的夜晚。

Planner's Comment

岡本 圭一郎先生

以N先生的要求為基礎，規劃時最重視與建築物的一致感。再加上日夜呈現不同的風情，使用玻璃打亮，我認為已打造出一個溫和的空間，迎接因工作時常晚歸的男主人。

⬆ 在玻璃板上雕刻圖案，打光後形成陰影，旁邊的Glazier受到光線的照射，這是玻璃才能帶來的效果。

⬆配合原有的鑄鐵門扉，再加上鏽鐵風(不鏽鋼)橫木(加在牆最上方的物體)，利用大型玻璃板為大門周邊帶來衝擊性感覺。

立體圖

製作＝Okamoto Garden

⬇圖為改建前的大門周邊全景。

此為改建後的大門周邊全景(日間)。

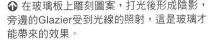

宣示存在感的大玻璃門柱

使用交互打光的玻璃磚，帶來光的點綴。

在M先生、本公司、ZERO的合作之下，孕育出世界上獨一無二的訂製門柱。

M宅是新建的房子。M先生看了本公司(向日葵生活)的網頁，於是到我們公司來，因為M先生的職業是工匠，所以在建築自己的房子時，也有許多的想法。

M先生對於外構自然也有許多熱切的要求，這個特製門柱就是在M先生、本公司、ZERO的合作之下，孕育出來的世界上獨一無二的作品。大型玻璃與光線融合，完成一個日式且時尚的房屋外觀。

俐落的場景與整體都有相關聯，與停車棚(有屋頂的停車場)也沒有不搭的感覺，整體非常的和諧。

Planner's Comment

下阪 道寬先生

這是一個採用光線與巨大玻璃的日式時尚風格，兼具俐落感，是個非常酷的設計。成品更能襯托建築物，M先生也非常滿意。

兵庫縣M宅
施工面積＝約20坪
施工期間＝約30天
費用概算＝約280萬日元
設計・施工＝向日葵生活
（參閱P96）
設計師＝下阪 道寬先生

⮉ 這是日間的大門周邊全景。周邊色彩配合建築物，穩重又時髦。植栽是光蠟樹、紐西蘭麻。

⮉ 此為施工前的大門周邊全景。

⮉ 日間的訂製門柱。

不鏽鋼橫木・大型玻璃＝ZERO「訂製設計商品」
玻璃磚＝向日葵生活特製「發光轉角用玻璃磚」
門燈＝東洋房屋外觀「PK-8」

立體圖

製作=向日葵生活

光線流洩的房屋外觀&花園

排版=橋本祐子（P74~81）

在心愛物品包圍下的華麗私密空間

此為施工後的夜景。與建築物很搭的庭園。光線也很柔和穩重。

這是施工前的玄關周邊(日間)。總有一股少了些什麼的感覺。

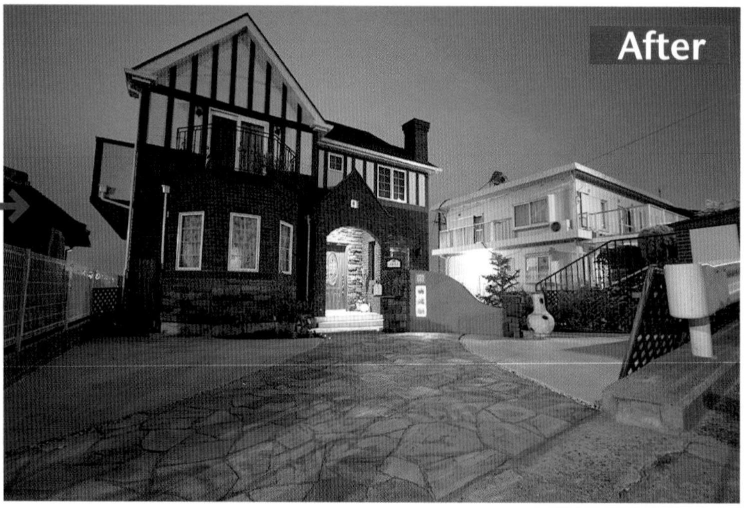

此為施工後的全景(夜間)。貼著亂形石的走道讓人覺得很有深度。

A宅的佔地相當大。A先生看了本公司（向日葵生活）的報紙廣告後到我們店裡，原本是想要來購買展示中的FRP（玻璃纖維強化塑膠）製的儲藏室。

但因同時A先生也在考慮新房子的房屋外觀，於是提出想要搭配這個儲藏室，又要可以種植許多植栽的花壇等要求。

由於建築物本身具厚重感，且存在感強烈，所以規劃時使用同色系的材質和部分相同的材質，呈現一致感，使建築物與庭園相互輝映。

通往玄關的亂形石走道做得比較寬一點，也可以與停車空間共用，至於車輛無法進入的部分則埋進LED（發光二極體），配合門柱的玻璃磚，天黑之後發出柔和的光芒。

至於玻璃磚的燈光方面，正中央用了太太喜歡的粉紅色做為點綴。花壇預留了足夠的空間，A先生未來可以在這裡享受蒔花弄草的樂趣，另外還設了自動灑水裝置，維護花壇非常方便。

而個性化的信箱、門牌與重點式磁磚，來自太太的選擇，成了新居落成的美好紀念。

⬆露台放著桌子和椅子，成了放鬆的空間。而正中央的玻璃磚是太太喜歡的粉紅色。

⬆門柱、亂形石及儲藏室提高了與建築物的一致感，整體搭的恰到好處。樹木是光蠟樹、含羞草

立體圖

製作＝向日葵生活

Planner's Comment

下阪　道寛先生

門柱兼具遮蔽作用，另外還打造磁磚露台，我在度過私密空間方面花了一番心思。因為我想若能在最愛的事物環繞下度過的時光，一定非常美好吧。

※使用素材
自動灑水裝置＝Only One「灑水ECG組合」
玻璃磚・LED＝Takasho「玻璃磚燈」・「Meleed」
儲藏室＝Dea' s Garden「Canna」

兵庫縣A宅
施工面積＝約40坪
施工期間＝約20天
費用概算＝約210萬日元
設計・施工＝向日葵生活
（參閱P96）
設計師＝下阪　道寛先生

峇里島風格的休憩空間

⬆ 磁磚的光線與木製露台的燈光，交織成夢幻的空間。
腳邊燈．屏蔽柵欄＝Takasho「Floor Light 白．藍」．「千本格子」

➔⬅門柱日間的景像(左)與夜間的景像(右)。天黑之後，刻在玻璃磚上的文字會被柔和的光線包圍。
信箱＝Only One「Timbuktu Silver Gray」

這是一個改建工程實例。M先生看了本公司（向日葵生活）的網頁，於是來到我們公司。M先生的要求是「想要峇里島風格的漂亮房屋外觀」。

於是我運用木製露台、磁磚、玻璃磚，打造峇里島風格的成品。

牆壁上使用了大量玻璃磚，許多光線會在這裡折射，感覺就像閃閃發亮的水面。

與白色磁磚相連的木製露台，有個形狀奇特的階梯，可通往白色磁磚，階梯材質與露台相同，可消除與磁磚之間的異樣感。

天色轉暗之後，埋在磁磚的白色燈光，還有埋在露台部分的藍色燈光亮起，浮現出夢幻的空間，呈現一個與日間截然不同的空間。

我拆除原有的門柱、門扉，重新設置一個款式與外圍角柱相同的製品，使整體具有一致感。角柱上還可以裝飾M先生因興趣蒐集而來的峇里島雜貨。

M先生表示非常喜歡改建後美觀的庭園。

Planner's Comment

杉野　英一先生

開始施工後，只要每經過一次植栽也跟增加，氣氛也越來越好了。現在客戶維持的非常漂亮，我也覺得很高興。

⬆ 從大量的玻璃磚反射的光線非常美麗。

⬆ 這是從室內看的樣子。現在跟改建前完全不同，是一個非常活躍的休憩場所。

⬆ 此為從玄關看夜間庭園全景照。恰到好處的光線包圍整座庭園。

立體圖

製作＝向日葵生活

⬅⬆ 改建前的庭園有一點單調(上)，改建後的格子柵欄恰到好處的遮蔽視線，並且從玻璃磚裡柔和的透出光線，將療癒的光線分送給經過的行人(左)。

兵庫縣M宅
施工面積＝約20坪
施工期間＝約14天
費用概算＝約250萬日元
設計・施工＝向日葵生活 (參閱P96)
設計師＝杉野　英一先生

日西調和的庭園

這是夜間的正面全景。因注重防盜方面，設置許多照明，在夜間也很安全。

利用門柱下方做為植栽空間，種植著朱蕉。

這是朝玄關的走道，在邊緣與重點加上黑色的拋光御影石點綴，行走的部分為了避免雨天濕滑，貼上長條的黑御影石，呈現高級感。

門牌及信箱以黑色的拋光御影石打造。

K宅有著時尚的建築外觀。K先生的要求是加入過去沒見過的嶄新設計，要與建築物取得平衡，還要兼顧防盜方面。

由於佔地的正面空間與深度都很夠，外圍的圍牆也要儘量減低死角，所以設計時加入窗孔與狹縫（縫隙）。此外，防盜方面，設置許多照明，在夜間也很安全。

庭園方面，從和室看得到的地方是日式庭園，玄關的旁邊則是西式庭園。

為了讓整體呈現明亮的氣氛，並且取得建築物與房屋外觀的平衡，重點以外的部分均使用明亮的顏色。

大阪府K宅
施工面積＝約0.5坪
（直立式水龍頭部分）
施工期間＝約2天
費用概算＝約8萬日元
（僅直立式水龍頭部分）
設計・施工＝三光房屋外觀
（參閱P96）
設計師＝川西　尉繁先生

Planner's Comment

川西　尉繁先生

為了不損及建築物的時尚設計，盡可能選用樸素的材質，我一邊想著簡單又能引人注目的形象一邊進行設計。

⇧圖為停車場旁邊的入口，以圓型圖案的連鎖磚鋪成走道。

⇦夜裡用燈柱照亮腳邊，從下方用投射燈使植栽浮現，展現立體感，表現夢幻的空間。

⇦⇧從和室看到的日式庭園。
日間的景色(上)與夜間的景色(左)。

⇨直立式水龍頭混合各種不同色彩的天然石，設計成玫瑰花的圖案。

⇧這是日間的正面全景。外圍的圍牆也要儘量減低死角，所以設計時加入窗孔與狹縫。

⇦此為西式庭園。從玄關通往庭院的通道鋪著枕木，周圍用草皮蓋住泥土部分。且在露台鋪滿天然石，邊緣用古董紅磚點綴。

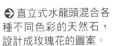

這是改建後的夜間景色。撤除未使用的盆缽和石頭，盡可能留下爸爸生前很寶貝的植栽，剪定枝葉並整理形狀。較小的植栽則移植到原有的大石頭邊緣，做為點綴。再用150mm的方形磁磚打造一個清爽的入口，以免在雨天弄髒雙腳。通往停車場的通路也鋪了天然石和砂子，方便行走。

M先生的家人對於改建後的庭園感到非常滿意。

改建前，植物繁生，整理起來也很困難。

M宅有一個寬廣的日式庭園。

由於屋主的父親非常喜歡照顧庭院，父親自己陸續的在院子裡種植物，並且自己整理庭園，然而父親過世之後，家人都很忙碌，不太有時間整理，他們也感到很煩惱。因此他們到本公司（三光房屋外觀）的展示場，委託我們進行改建。

經過現場勘查後，聽取M先生希望得到整理與改建的地方，還有想要一個療癒空間的要求，我就這些需求進行規劃。運用已經過世的父親生前寶貝的樹木，改建成一個清爽又療癒的空間，也是一個兼具實用性的庭院。

Planner's Comment

宮田 孝次先生

第一次見到M先生是在本公司的展示場。由於已經過世的父親非常寶貝目前的庭園，所以該打造成什麼樣的風格，M先生也感到很煩惱。我有先到現場去看一下，發現現場日照比較少，略顯陰暗，我盡可能留下M先生父親重視的樹木，並設計出清爽、日照明亮的庭園。

將光線不足的空間打造成明亮又具開放感的庭園

←↑改建前的停車場(上)與改建後(左)。改建前，停車場被木頭隔板圍繞，停車棚的屋頂也是波浪形，但是經年累月的變化(歲月流逝造成的劣化)，給人一股陰暗的印象。改建後拆除木頭隔板，與庭園部分一體化，成了具開放感的明亮空間。

車棚屋頂・鐵捲門＝東洋房屋外觀「Cube Port・亮灰色」、「Single Shutter F 款示」

←↑改建前的外圍(上)與改建後(左)。改建前雖然有裝摺疊式的門板，但是開關都很不便，所以改成電動鐵捲門。

←露台的地板加入海豚，是充滿玩心的設計。

平面圖・立體圖

製作＝三光房屋外觀

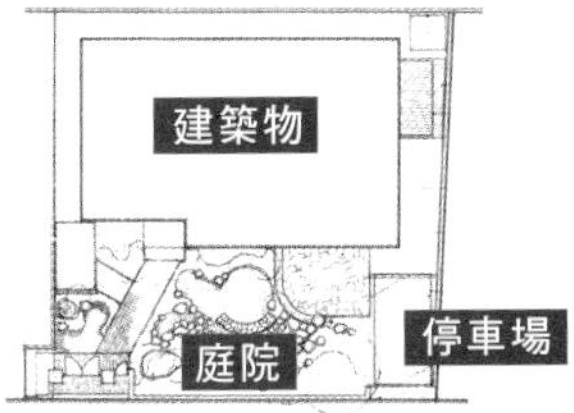

奈良縣M宅
施工面積＝約40坪
施工期間＝約20天
費用概算＝約350萬日元
設計・施工＝三光房屋外觀（參閱P96）
設計師＝宮田　孝次先生

←↑改建前的庭院(上)與改建後(左)。將樹木經過修整，並在地上隨意貼上天然石，改建成了舒適的露台。

在居家中心也很受歡迎！

我也會！最受歡迎的DIY材質 木村博明先生的

超簡單DIY房屋外觀聖誕燈飾 vol.1

企畫・指導=木村博明(Green Gardener)、監修・採訪=山田芳照(DIY顧問(DIYCITY主宰)、採訪協助=(股)七虹 撰寫=志村悟、攝影=腰塚良彥、排版=橋本祐子(P82~89)

Planner's Comment

木村　博明先生

在京都結束修行後，現在是木村Green Gardener活躍的第二代。擅長融合嶄新設計與日式時尚的庭園。曾經在知名節目「電視冠軍」的園藝王項目入圍準決賽。

(股) 七虹
〒341-8558
埼玉縣三鄉市高州2丁目198
TEL:0120-167-750
(URL) http://www.nanakoh.com/

裝飾象徵樹木

裝飾大門

裝飾木製露台

裝飾入口小徑

★ 開始製作聖誕燈飾之前…

❶ 打開防水罩的蓋子，接上插頭。

❷ 插頭接上的狀態。

❸ 蓋上防水罩的蓋子。即使遇到下雨天，插頭的連接部份也不會潮濕。

●計算使用的聖誕燈飾的總消費電力

我們以總計約1200W左右的電力為標準吧。一個室外電源可取得的電力為1500W。請注意一旦超過這個數字，保險絲將會燒燬。

●安裝前先確認是否可發亮

請做好事前檢查好，以免花了許多工夫安裝妥當，卻發生燈不會亮的情況。

●不要碰到水

不要將電源的連接部分與控制器直接放在地面，儘可能放在比較高的地方（例如冷氣室外機上方）。也可以用防水罩保護哦。

After 裝飾大門

使用枕木製成的木頭柵欄，建議裝飾上可以照亮整座柵欄的瀑布燈。如果瀑布燈的長度不足，還可以分成上下兩層。然後在入口的門扉掛上鐵絲製的花圈（做法請參閱85頁）。

★作業程序

❶準備LED瀑布燈(全長290cm與180cm，參考價格19,000日元)。

❷將瀑布燈的線固定在木頭柵欄上。若是較粗的木材部分可以用園藝鐵絲，比較方便。

❸將瀑布燈的線放開，使線往下垂。

❹將瀑布燈鋪滿整座柵欄。

★作業程序

❶ 準備LED燈串(5m5支整組，參考價格30,000日元)、支柱、紮線帶。

❷ 對準樹木的中心，將支柱打進地面。

❸ 以紮線帶將燈串根部固定在支柱上。

❹ 將燈串的線固定在樹枝的前端。

❺ 多餘的線呈直線往下方捲繞，前端部分用紮線帶固定。

❻ 將5條線固定在樹枝上，就完成了。這次所示範的是扇形樹枝的樹木。

After 裝飾象徵樹木

象徵樹木是庭園的主角，裝飾時配合樹枝的生長情形。以直線方式裝飾LED燈串，即可呈現樹木的大小。樹木的根部只要放著插在地面的瀑布燈或燈條，樹木就變得十分華麗。

※如果是像樅樹這類尖端較尖的樹木，則以樹木尖端為燈串的頂點，讓5條LED燈串線朝向地面延伸。

用軟燈條裝飾通往玄關的邊緣，具有使小徑邊緣浮現的效果。

裝飾入口小徑

★ 作業程序

❶ 準備LED方形軟燈條(8m，參考價格9,000日元)、鐵絲。

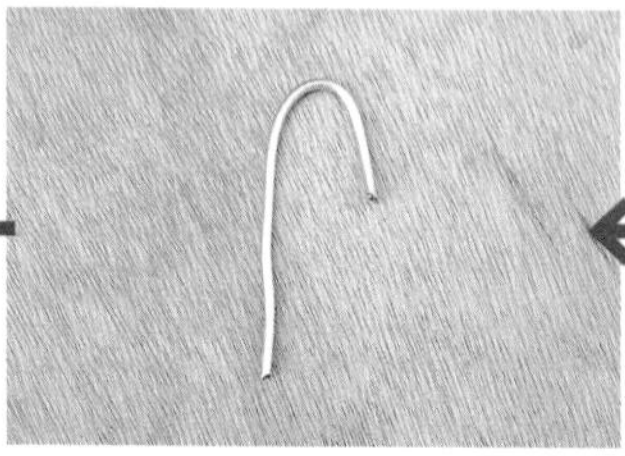

❷ 將鐵絲剪成約10cm，彎成固定軟燈條的U字形。

❸以鐵絲用夾的方式將軟燈條固定在地面。

❹將軟燈條固定在小徑的兩側。固定時請先決定線條，不要妨礙通行。

★ 作業程序

❶ 準備LED圓形軟燈條(6m，參考價格5,000日元)、固定電線的金屬零件。

❷ 將金屬零件裝在木製露台的地板下方，再固定軟燈條。

❸ 讓木製露台的開口部分整體都會浮現亮光。

家族和樂的鈴木先生一家人。

裝飾木製露台

由於木製露台的中央有地爐，所以試著將軟燈條裝在木板下方，採用腳燈的裝飾風格。而柵欄邊緣的木板在地面裝置投射燈，即可使整個輪廓浮出來。木頭燈也呈現歡樂的氣氛。

製作鐵絲花圈

這是在82~83頁「裝飾大門」登場的鐵絲花圈。先製作鐵絲的框架，再開始裝飾。讓整個花圈浮出柔和的光芒。

準備鋁鐵絲(3.2mm)、鋁貼布(寬50mm)、乾燥花、紮線帶、鉗子、20燈的聖誕燈。

製作鐵絲框架

❶ 將鐵絲彎成直徑約40cm的圓形

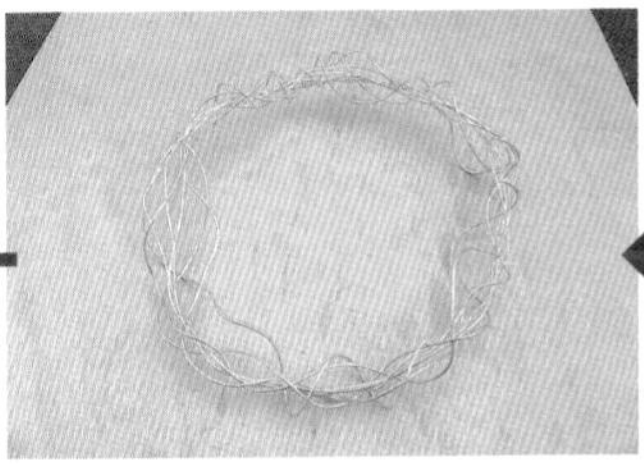

❷ 已經彎成圓形的狀態。重點是將鐵絲如圖般捲繞在圓圈上。（A）

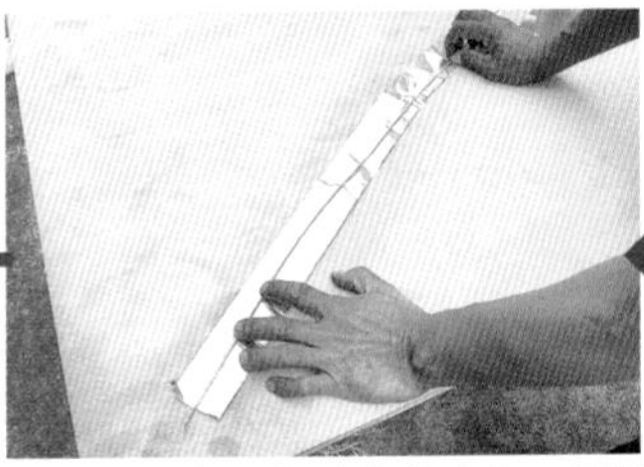

❸ 將鐵絲放在鋁貼布的中心，再折起鋁貼布，將鐵絲包起來。

❹ 將鋁貼布以捲繞的方式固定在(A)的鐵絲框架上。

❺ 此為固定鋁貼布的狀態。繞上鋁貼布後整體看起來更有份量。

❻ 再次捲繞鐵絲。這時用不規則的方式繞上鐵絲，就能呈現自然的花圈。

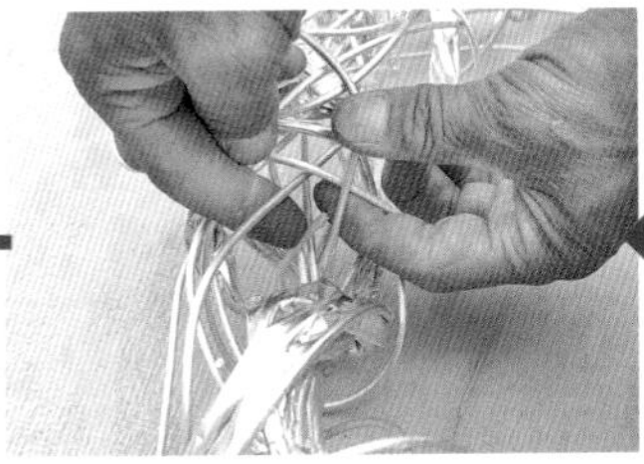

❼ 為了安全問題，請將鐵絲的前端放進花圈內側。

❽ 此為鐵絲框架完成的狀態。

裝飾

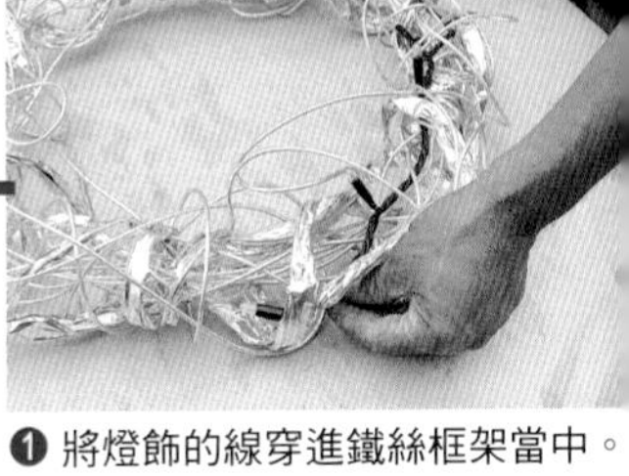

❶ 將燈飾的線穿進鐵絲框架當中。

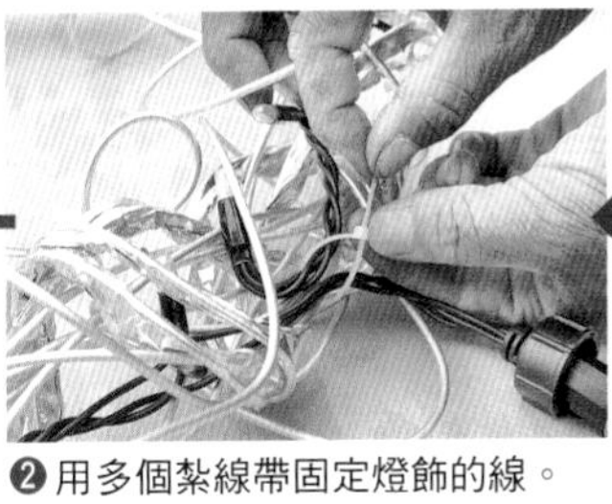

❷ 用多個紮線帶固定燈飾的線。

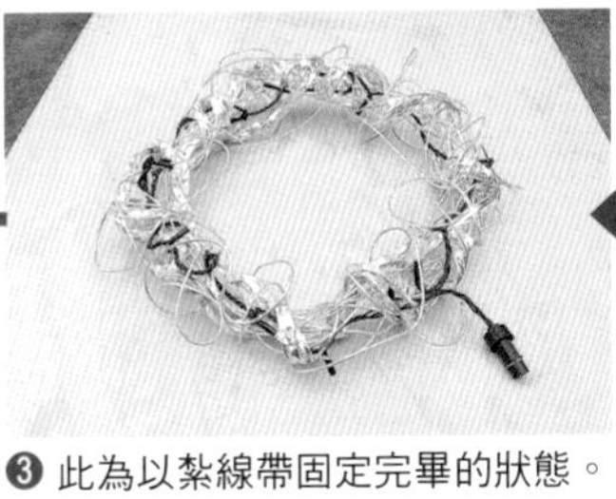

❸ 此為以紮線帶固定完畢的狀態。

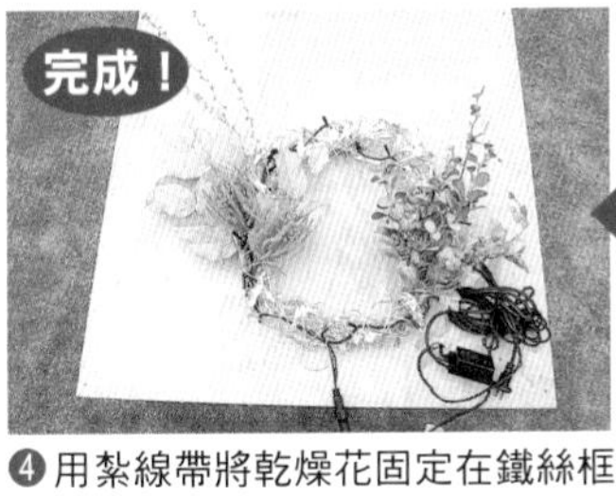

❹ 用紮線帶將乾燥花固定在鐵絲框架上，便大功告成。

PART 1
製作木頭燈吧

重疊並組合2×4材，打造一個立體感十足的木頭燈吧。光線從樅樹圖案的小孔中透出，混合了閃爍的聖誕燈與彈珠五彩繽紛的顏色，氣氛非常好。

完成尺寸：
50cm×50cm×高70cm。

工具與材料

木材（SPF美杉防腐材2×6）
長度 50cm×2片
長度 45cm×6片
長度 43cm×2片
長度 40cm×6片
長度 35cm×2片
長度 30cm×2片

※SPF美杉防腐材是雲杉(Spruce)、松樹(Pine)、冷杉(Fir)這類樹種的總稱。

聖誕燈250燈

紮線帶

角材 4cm×3cm 長度 65cm×5條
粗牙螺絲 長 35mm與65mm
彈珠
鑽頭 直徑15mm(與彈珠的直徑相同)
接著劑(ULTRA多用途SU)
電鑽

※如果要製作燒杉風格另外需準備瓦斯槍、鋼刷。

做法步驟

製作側板框架

❶並排2條角材，間距25cm。

❷將1片50cm的木板對齊角板邊緣放好。這時可以將木板立起，好對齊邊緣。

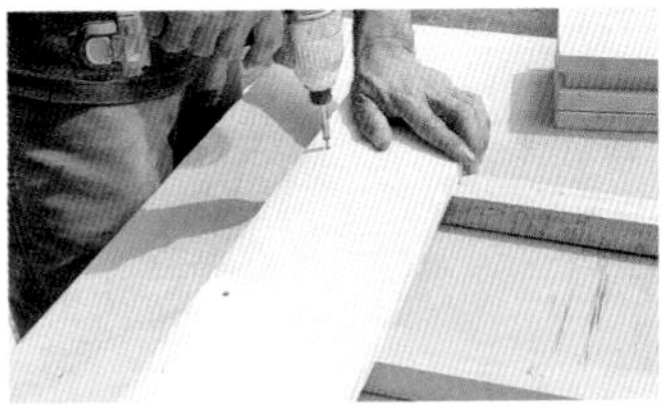

❸用粗牙螺絲固定住一邊的木板與角材。

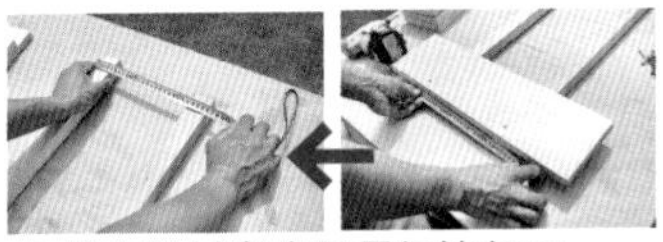

❹檢查角材寬度是否保持在25cm。

❺再用2個粗牙螺絲完成固定木板與角材。

❻接下來依序固定第2片(45cm)、第3片(40cm)、第4片(35cm)、第5片(30cm)。每片木板都要鎖4個粗牙螺絲。第5片木板會比角材多出5cm。

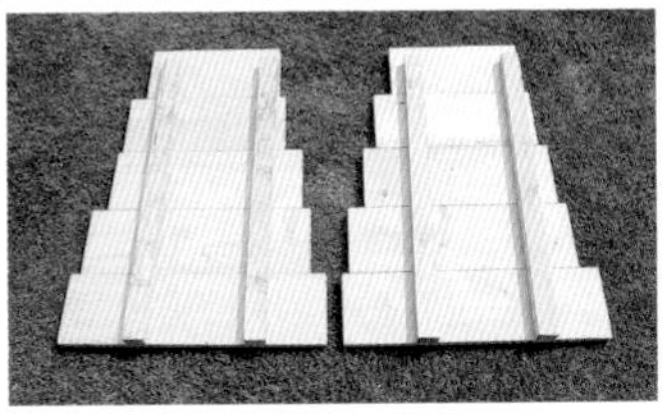

❼製作左右2片側板框架。

組合框架

❽立起側板框架，以45cm的木板接合切面。

❾固定另一片側板框架時，大約凸出5cm。

❿依序固定第2層(45cm)、第3層(43cm)、第4、5層(40cm)的木板。這時的重點是每一層之間都要保留縫隙。

⓫此為第5層完成的狀態。

⓬用角材在上方製作提把。對準內側的邊角做記號，再切斷邊角。

⓭將提把以65mm的粗牙螺絲固定。

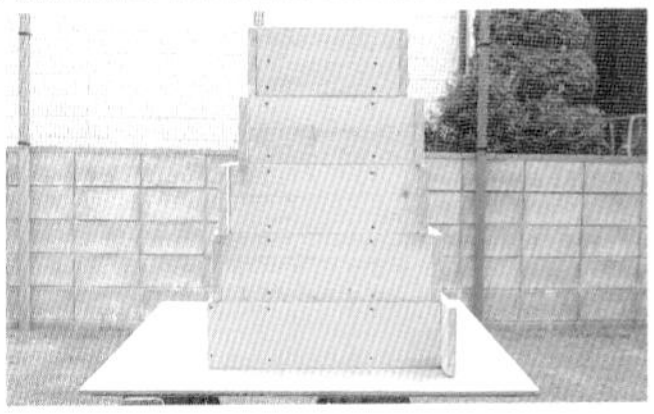

⓮框架完成了。

嵌進彈珠

⓯在側板框架畫出樅樹的草圖，在欲嵌彈珠的地方做記號。

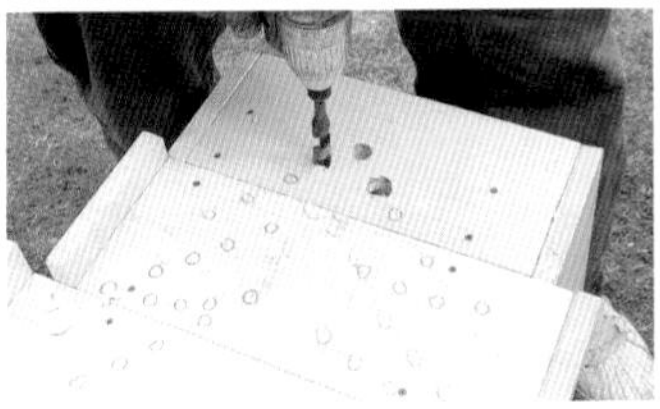

⓰用電鑽挖出彈珠的孔。

⓱圖為挖出嵌彈珠孔的狀態。

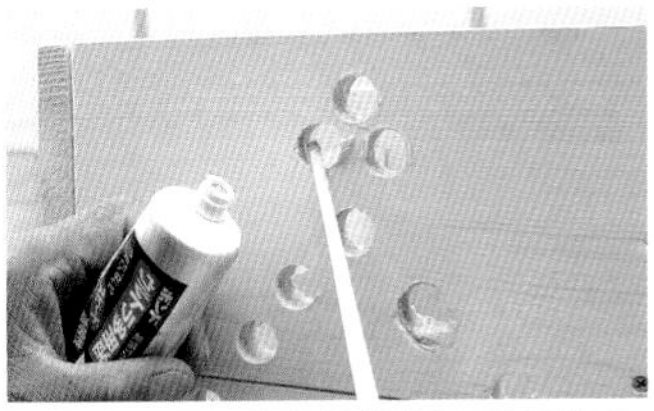

⓲在小孔中塗上接著劑。使用衛生筷等物品將接著劑塗在整個洞裡。

⓳趁接著劑還沒乾的時候，將各種不同色彩的彈珠放進小孔之中。

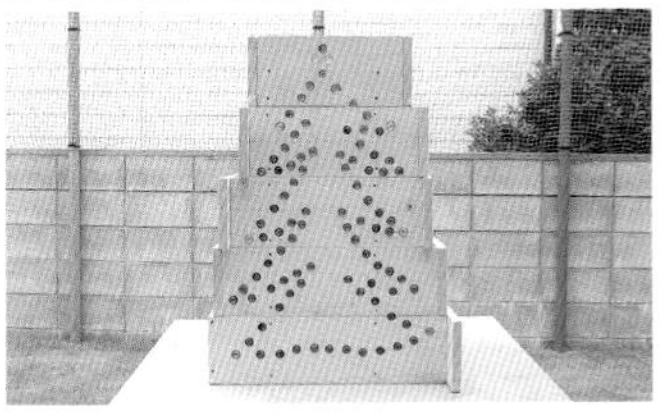

⓴圖為嵌入彈珠完成樅樹的狀態。

安裝聖誕燈

㉑用紮線帶將聖誕燈固定在提把上。固定時請將燈泡的線繞在提把上，不要碰到地面。這樣就完成了。

燒杉風格

㉒從側板穿的小孔附近，用瓦斯槍焚燒整個木板的表面，燒到木板表面有一點燒黑的樣子。

㉓用鋼刷磨擦燒過的表面，刮除燒焦的部分。

㉔穩重的燒杉風格完成了。

利用光線柔和的燈管，製作基本形的緞帶&鈴鐺吧。黃色與紅色的搭配組合，形成了歡樂的圖案。基礎上手了之後，也試著挑戰一下由自己設計的圖案吧。

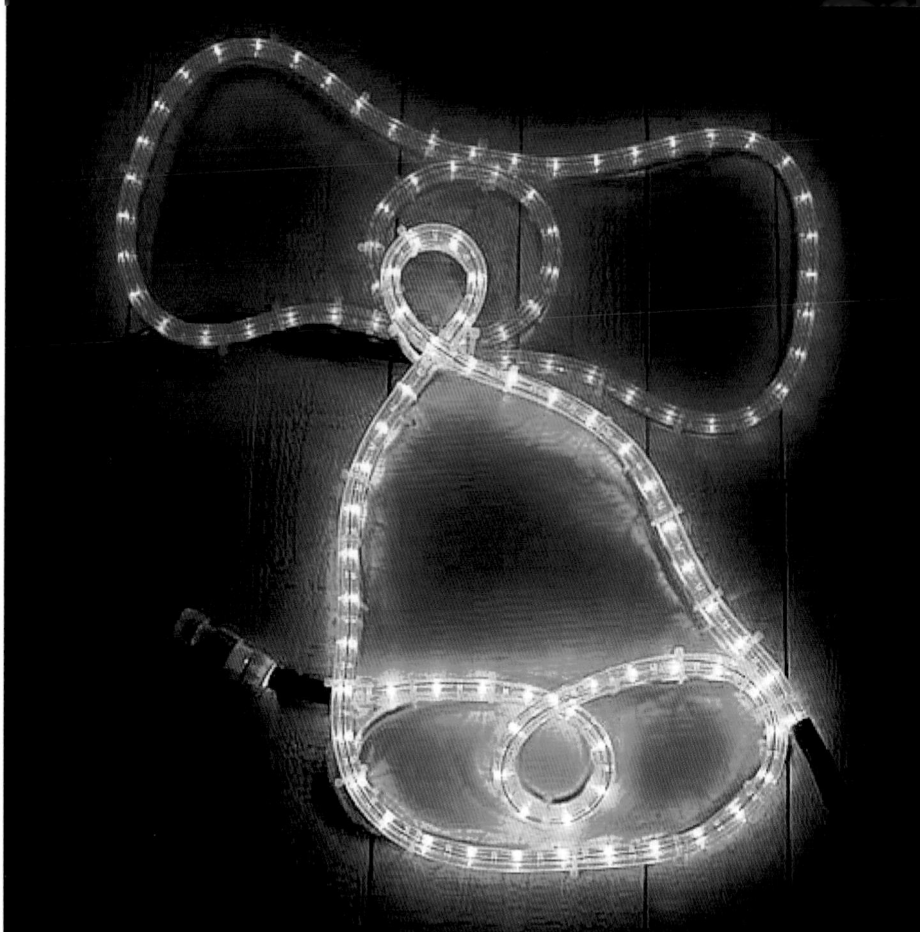

PART 2 製作緞帶&鈴鐺吧

工具與材料

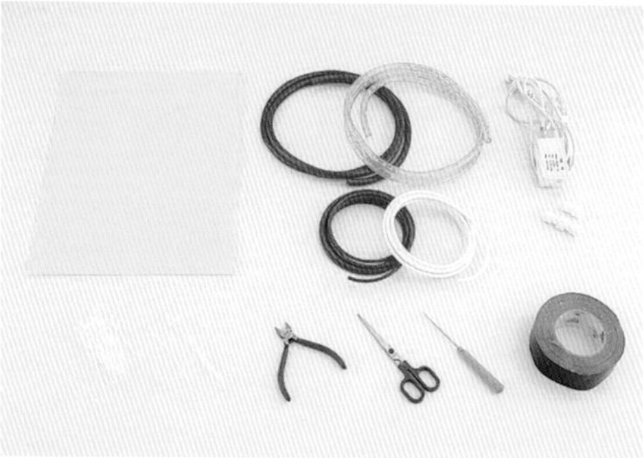

塑膠瓦楞板(黃色)30cm方形×1張、鋁鐵絲(照片為「自遊自在」)直徑6mm(雪白色1捲、蕃茄紅1捲)、燈管(燈泡式)黃色1.8m×1條、紅1.8m×1條、變壓器×1個、收邊條×1個、直型接頭×1個、電源接頭×1個、黑色布膠帶、紮線帶 100mm及150mm、斜口鉗、剪刀、錐子

做法步驟

❶在紙上畫出緞帶與鈴鐺的圖案。繪圖重點在於用一筆不中斷的筆劃繪好圖案。

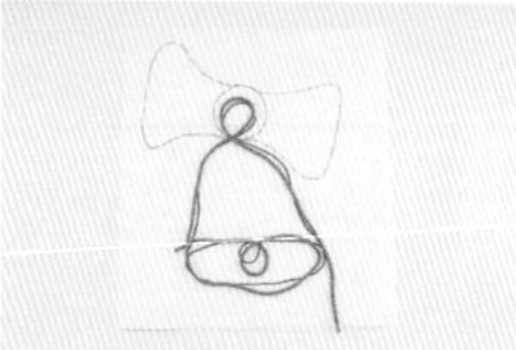

❷分別將繩子放在緞帶與鈴鐺的設計圖案線上，測量燈管的長度。

❸在燈管上做記號，並且用剪刀裁剪。

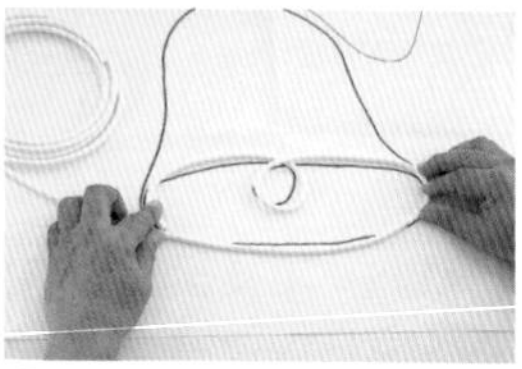

❹沿著設計圖的線條彎曲鋁鐵絲。

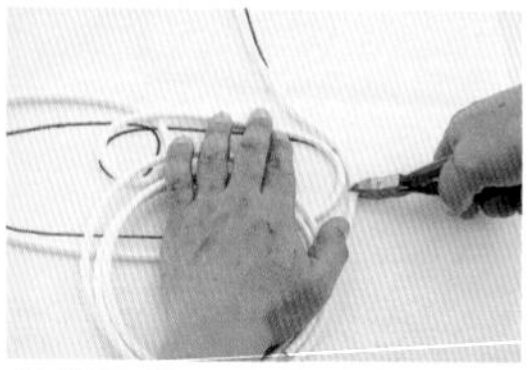

❺留下約2cm的重疊部分後剪斷鋁鐵絲。

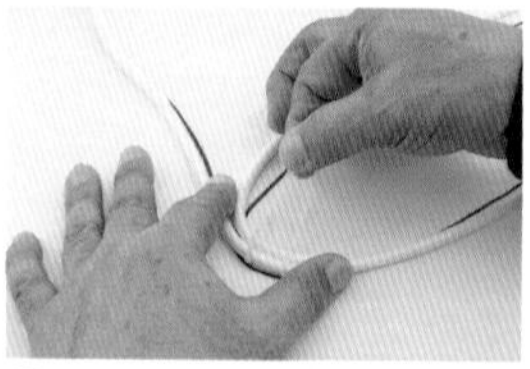

❻以紮線帶固定鋁鐵絲重疊的部分。

❼以斜口鉗剪去多餘的紮線帶。

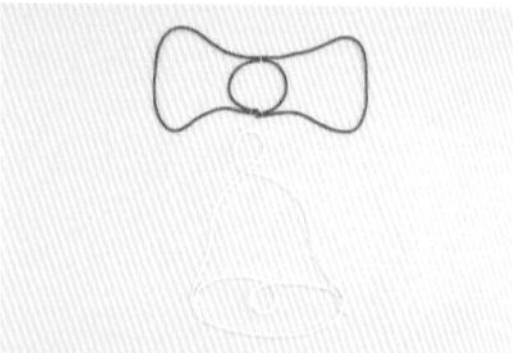

❽緞帶與鈴鐺外框完成了。

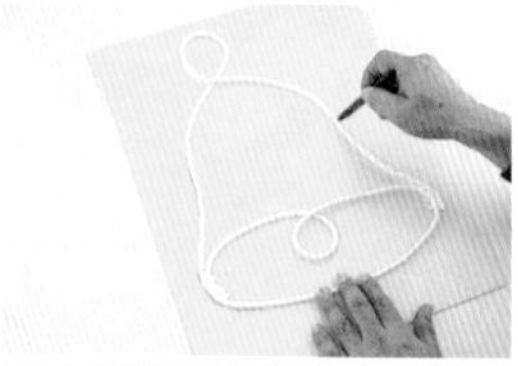

❾在塑膠瓦楞板上畫出鈴鐺的輪廓。

❿此圖是畫完輪廓的狀態。

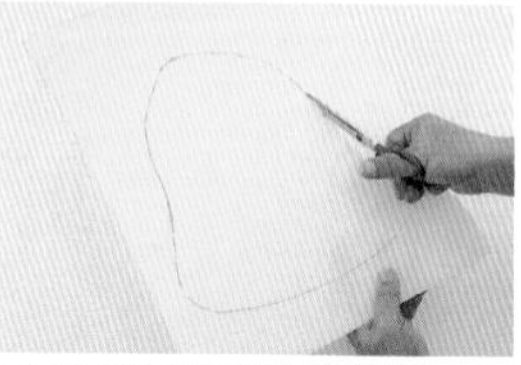

⓫以剪刀沿著輪廓裁剪。

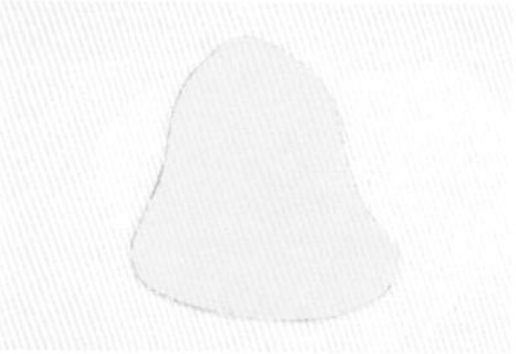

⓬此圖是裁剪完畢的狀態。

⓭為了固定鈴鐺型狀的鐵絲外框穿一個紮線帶用的小孔。

⓮用紮線帶固定。

⓯固定3個地方。

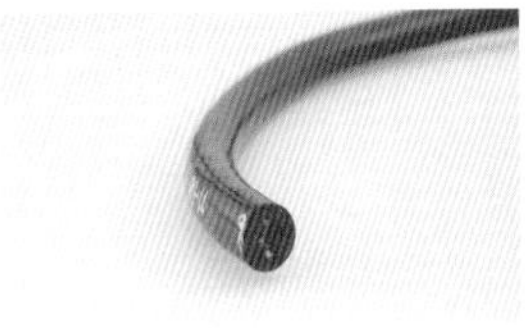
⑯ 這是燈管的切面(露出2條電線)。

⑰ 安裝收邊條。

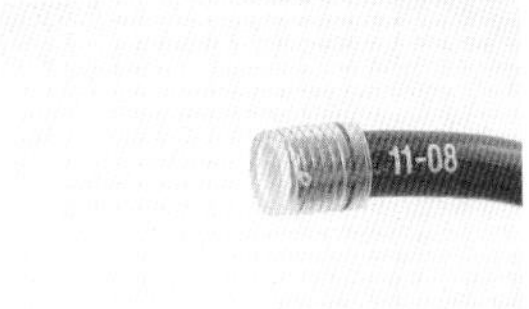
⑱ 此圖是安裝後的狀態。

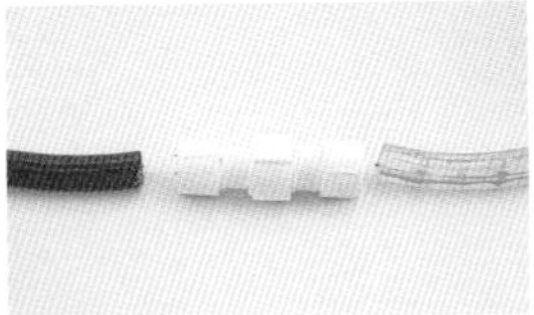
⑲ 這是連接紅色與黃色燈管的直型接頭。

⑳ 鬆開直型接頭中央的蓋子，使其左右分離。

㉑ 為了將導針插進紅色燈管裡，先用錐子將孔稍微擴張。

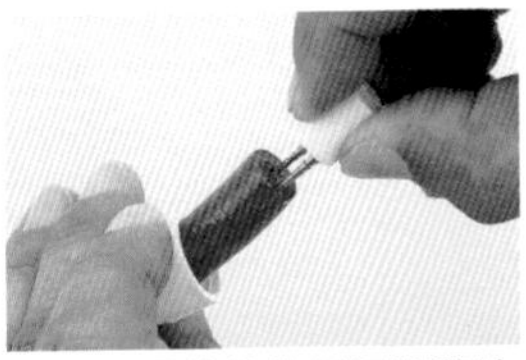
㉒ 配合電線的位置插進導針。

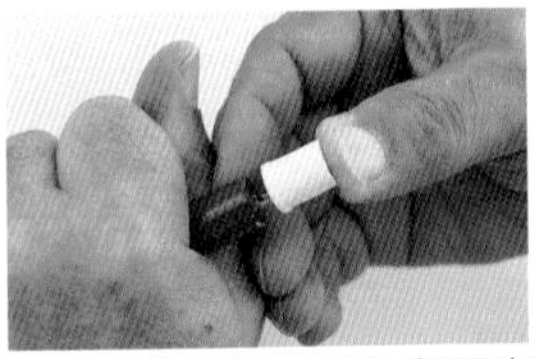
㉓ 用力往內壓，以免留下空隙。

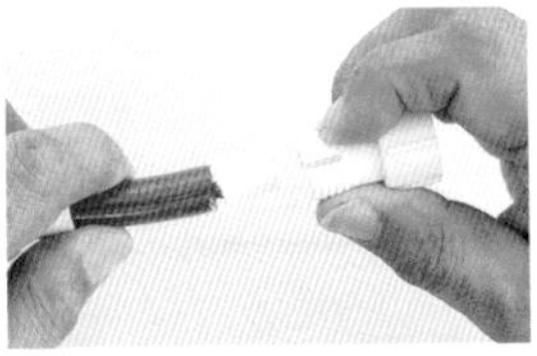
㉔ 放進接頭裡。

㉕ 按壓接頭，使接頭內側凸出約2mm左右。

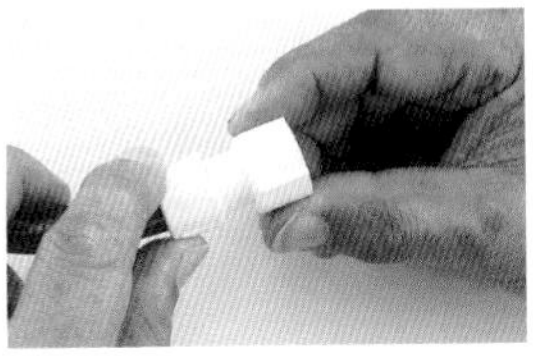
㉖ 旋上蓋子。

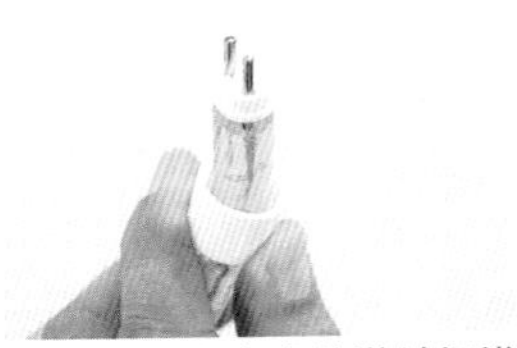
㉗ 用同樣的方式將導針插進黃色燈管。

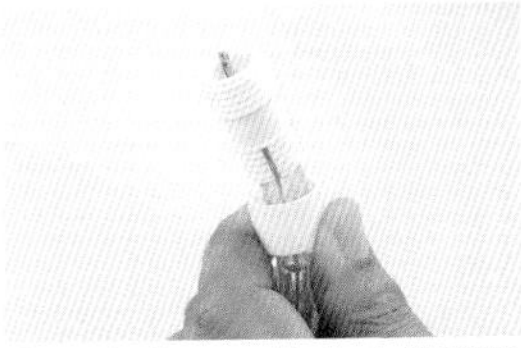
㉘ 旋上蓋子，使中央的導針凸出約2mm左右。

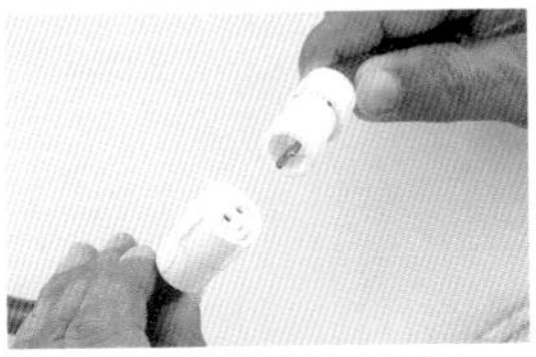
㉙ 連接紅色與黃色的接頭。

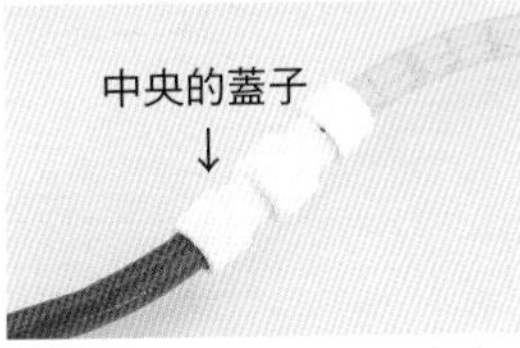

㉚ 旋入中央的蓋子，連接工作便完成了。

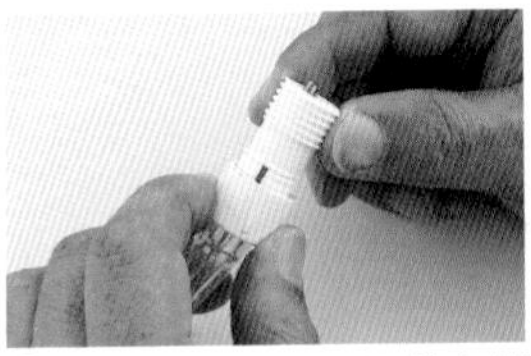
㉛ 用同樣的方式，在黃色燈管的另一頭裝上電源接頭。

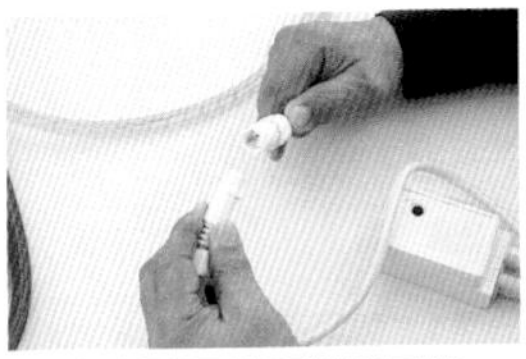
㉜ 連接電源接頭與變壓器。

㉝ 此時確認燈管是否會亮。進行下一個作業時，記得要先拔除電源。

㉞ 將紅色燈管裝在緞帶形的鐵絲上。從中央的圓形部分開始固定。

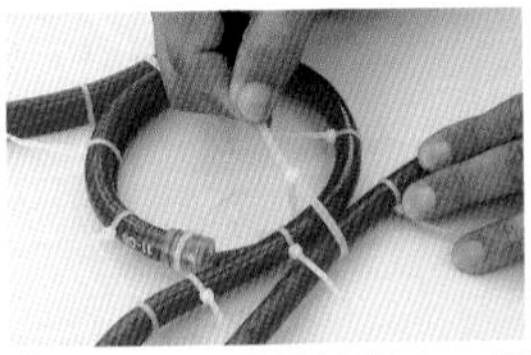
㉟ 2條燈管重疊的部分，用150mm的紮線帶固定。

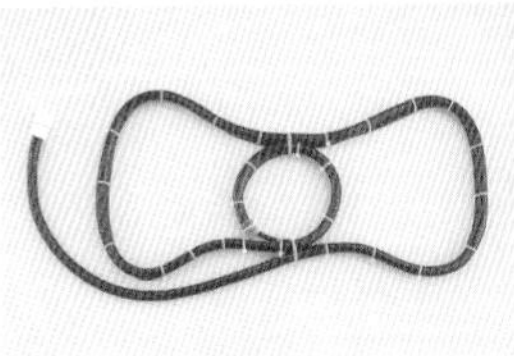
㊱ 用紅色燈管製作的緞帶完成了。

㊲ 在黃色燈管的起始部分做一個打洞的記號。

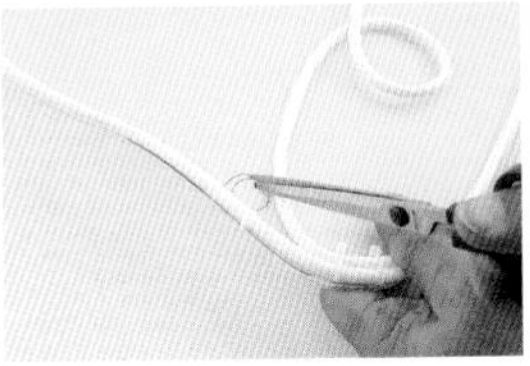
㊳ 用剪刀剪一個小孔。

㊴ 從背面插入黃色燈管的電源接頭。

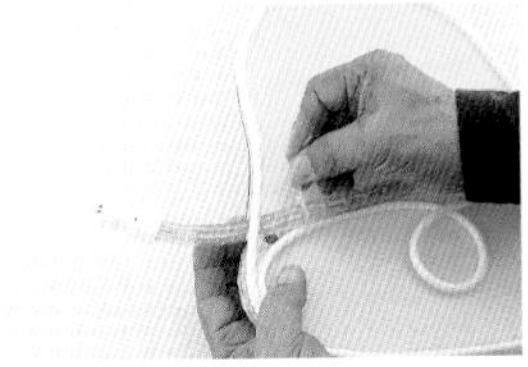
㊵ 抽出黃色燈管，在背面留下約5cm左右，以紮線帶固定。

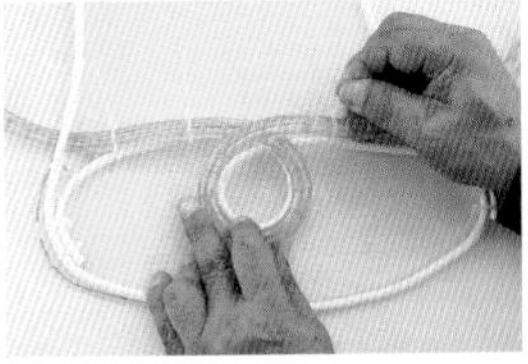
㊶ 以紮線帶沿著鈴鐺的鐵絲固定黃色燈管。繞圈的地方可以先固定圓圈的左右兩側，作業時比較方便。

㊷ 用黃色燈管製作的鈴鐺完成了。

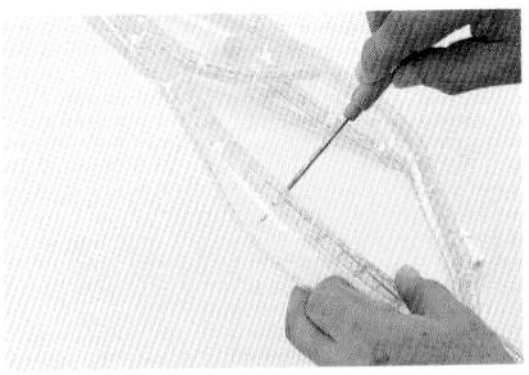
㊸ 若鐵絲未平貼於塑膠瓦楞板上，可用紮線帶固定。

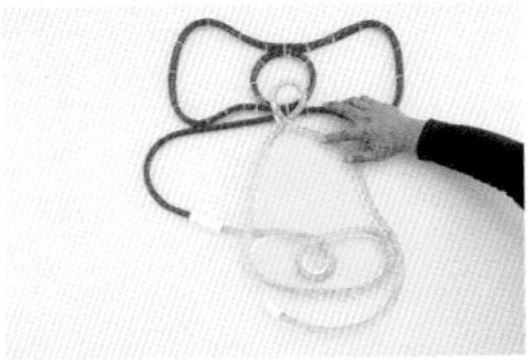
㊹ 以直型接頭連接緞帶與鈴鐺。

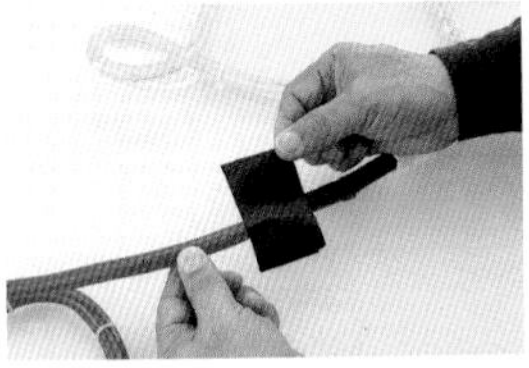
㊺ 除了緞帶與鈴鐺輪廓之外，用黑色的布膠帶貼住不需亮起的部分。

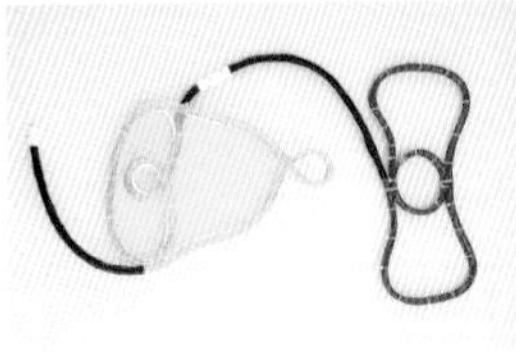
㊻ 此圖是全部貼上黑色布膠帶的狀態。

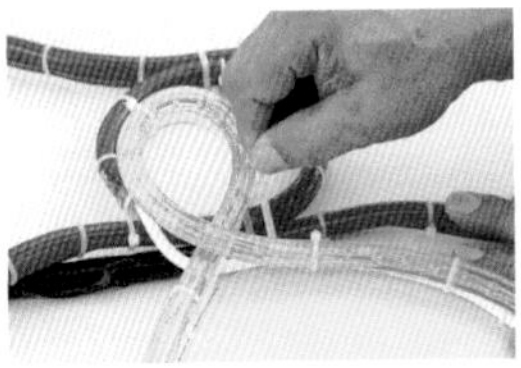
㊼ 用150mm的紮線帶固定鈴鐺的頂點與緞帶。

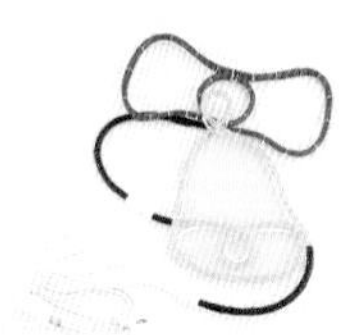
㊽ 接上變壓器。

㊾ 此為點燈後的狀態。這樣就完成了。利用變壓器的控制器還可以選擇亮燈的模式。

充滿獨創性的照明妙招

用燈光照亮的夜間庭園充滿樂趣。除了一般現成的燈具之外，也可以自己動手製作燈光或打造不同的呈現方式，無限拓展照明的樂趣。這裡要介紹的是充滿獨創性的照明實例。

排版=佐藤次洋（P90）

利用工程廢料重新製成美麗的花台

↑→ 利用庭園翻修工程廢棄的石材打造出花台。日間在上方放置盆栽，欣賞花朵(上)。夜裡則是一個庭園燈，又可以享受不同的氣紛(右)。施工＝庭樹園。

來自牆面噴泉的療癒水聲

↑→ 用井水打造出溢流式牆面噴泉。美的如夢似幻，利用光與水譜出的合弦，是帶來具療癒效果的庭園。 施工＝Office Takei。

用庭園桌當花台並點亮

→↗ 在木製的庭園桌中央打洞充當花台，下方則放進防水的照明器具，在夜間亮燈。白天(左)與夜晚(右)的樣子。施工＝庭樹園。

裝了定時器的自動照明

→↗ 加裝自動定時器的照明，施工時放在直立式水龍頭當中。只要加一點巧思，就成了夜裡也很有趣的庭園。白天(左)與夜晚(右)的表情。施工＝庭樹園。

紅磚加上燈光照明

→ 紅磚加上燈光的創作。逐一組合紅磚，是一個技術精湛的作品。施工=Office Takei。

閃耀老窯磚的夜間庭園

↑ 用老窯磚製作照明雕塑。光線從老窯磚的洞裡流洩而出，照在牆上，趣味無窮。施工=遊庭風流。

利用陶土球的光影效果打造愉快的照明

↑→ 陶土球的光影效果(右)。白天也是庭院的重點(上)。施工＝遊庭風流。

※關於各施工公司請參閱P96。

→ 在玄關前方設置陶土球燈具。營造出使人放鬆的短暫片刻。施工=Office Takei。

編註：為方便讀者查詢，在此保留廠商、產品資訊及日元價格以供參考

妝點庭園的燈

採訪協力=(股)Takasho、東洋房屋外觀(股)、Dea's Garden、(股)ZERO、(股)三樂、
排版＝佐藤次洋(P91~93)

許多燈具都能為庭園帶來美麗的照明。本處要介紹的魅力燈具包含LED(發光二極體)與一般燈泡的燈具，以刊登於施工實例的燈具為中心進行介紹。

LED 燈條

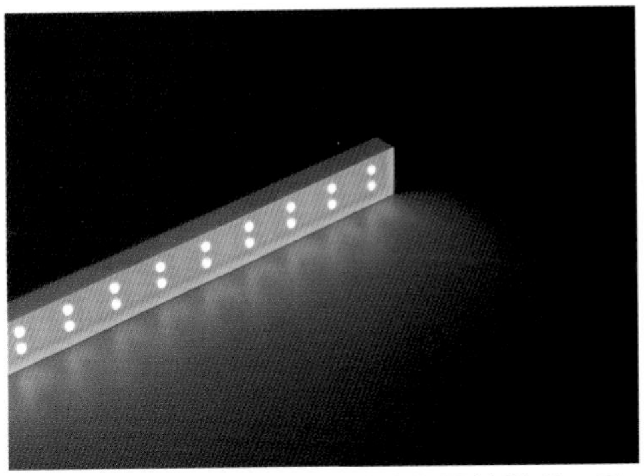

條狀的燈具。平面發光引導做為間接照明。用於牆壁、地面、樓梯下方。顏色有白色、燈泡色、藍色3色。施工範例刊登於31、64、70頁。

玻璃磚燈

會發光的玻璃磚式LED燈。打造出迷人的牆面。用於門袖或門牌。款示共有斜線、方格、霧面、閃光式、乳白5種，尺寸有145正方形與190正方形2種，顏色共有白色、燈泡色、藍色、翡翠綠、黃色、橙色、綠色、紅色8色。施工範例刊登於12、14、30、31、63、66、67、75頁。

Meleed

鑲在接縫處的LED燈。閃耀著搶眼的亮光。用於磁磚的接縫或牆面。顏色有白色、燈泡色、藍色3色。施工範例刊登於17、30、31、35、75頁。

棒燈

棒狀的LED燈。光線隨風搖曳，呈現夢幻的空間。用於入口或主要庭園。顏色有藍色、黃色2色，每組9枝，價格為10,000日元(不含稅、組裝費、施工費用)。施工範例刊登於11頁。

地埋燈

嵌入式LED燈。用於照亮牆面或門牌，或是通往大門的引導燈。顏色有白色、燈泡色、藍色3色。施工範例刊登於64頁。

〈洽詢〉
(股)Takasho TEL:0120-51-4128
HYPERLINK　http://takasho.jp/

LED是什麼？

LED即為Light Emitting Diode(發光二極體)的縮寫，是一種利用導電發光的半導體。有別於一般需要電燈泡的照明器材，半導體本身就會發光。

省能源

在與一般燈泡相同的亮度之下，消耗電力約為1/10。不僅省能源，也可以減輕電費的負擔。

熱能低、無水銀

LED的發熱比其他燈泡還少，幾乎完全不會釋放紫外線。並未使用水銀等有害物質，是環保的光源。

壽命長

LED的壽命約為40,000小時。和一般燈泡相比，壽命非常長，也可以省去更換燈泡的時間與費用。

不吸引蟲子

室外的照明容易引來蟲子。由於昆蟲難以辨識LED光線的波長，所以不吸引蟲子也是它的特徵。

※參考文獻 Takasho商品型錄[光之演]

鄉村風味提燈(HJ-5型)

售價31,500日元(不含稅)。

新型燈(EJ-18型)

售價39,500日元(不含稅)。

EURO(PJ-13型)

售價32,500日元(不含稅)。

時尚提燈(MHJ-5型)

售價31,500日元(不含稅)。

→施工範例。

PH-18型

售價19,200日元(不含稅)。

施工範例刊登於59頁。

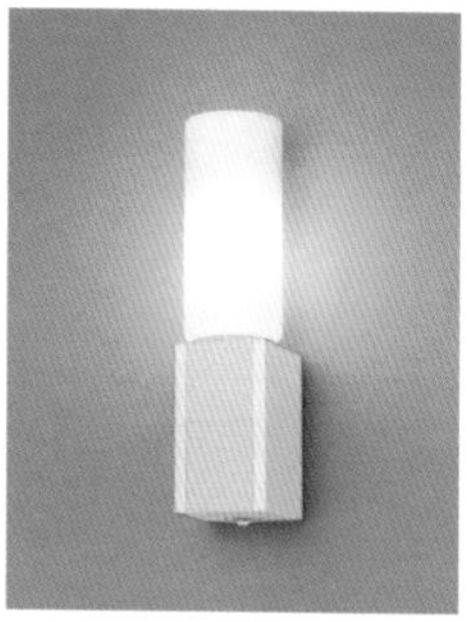

PJ-19型

售價29,700日元(不含稅)。

超薄(PK-11型)

售價32,200日元(不含稅)。

LED投射燈(LSB-5型)

售價43,500日元(不含稅)。

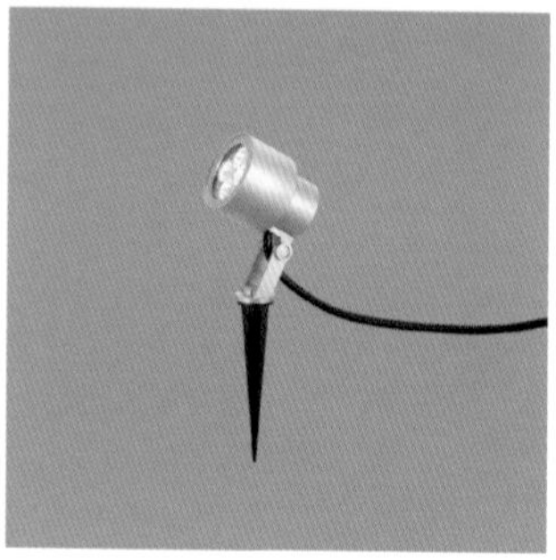

LED投射燈(LSB-4型)

售價44,600日元(不含稅)。

COOL(EK-47型)

售價46,200日元(不含稅)。

EBJ-1型

售價83,900日元(不含稅)。

GQ-21型

售價39,900日元(不含稅)。

船舶燈(PH-20型)

售價13,400日元(不含稅)。

→施工範例。

迷你防水插頭

售價3,000日元(不含稅)。

〈洽詢〉
東洋房屋外觀(股)
TEL:0120-171-705
http://www.toex.co.jp/

線型燈光(PK-8型)

施工範例刊登於72頁。 售價25,000日元(不含稅)。

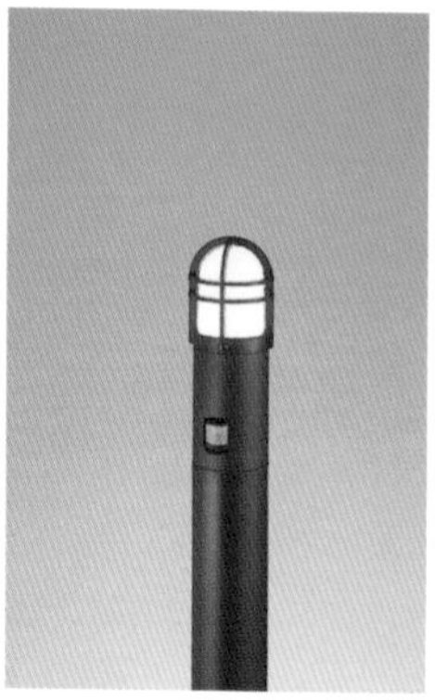

EJ-17型

售價56,600日元(不含稅)。

EH-15型

售價44,700日元(不含稅)。

↑施工範例。

Dea's Garden 洗牆燈

葉子

普羅旺斯

時尚藝術

木頭

宛如牆面雕塑般的LED門牌照明燈。共有4種包含白樺樹葉或瓦型遮陽棚的設計圖案，每種設計各2色。夜間以光線呈現，日間則是如同雕塑般的牆面裝飾。非常有個性的照明。使用LED(發光二極體)光線，耗電少且壽命長，經濟實惠。照明罩的材質是FRP(玻璃纖維強化塑膠)，價格為32,000日元(未稅)。

〈洽詢〉
Dea's Garden
TEL: 075-681-2891
http://www.deasgarden.jp/

鑄塊

鑄塊的施工範例。

美麗的玻璃製四角柱。一般來說，鑄塊(ingot)是用於延展金子的棒狀物等鑄造製品的用詞，我們取其「神居於其中的玻璃」之意，用於透明度較高的玻璃上。因應庭園設計師的創意或是客戶的需求，製作特殊的安裝零件或是以塑形(加工)的方式雕刻設計圖案等等，可以因應個別需求訂製。

〈洽詢〉
（股）ZERO
TEL:072-948-9177 FAX.072-946-1077
http://www.dg-zero.com

船舶燈 ※尺寸(mm)/本體重量/適合燈泡/托座口金

1號金色托座
W140×H185/1.4kg/60W max/E26
售價9,600日元(不含稅)。

2號金色托座
W145×H210/1.6kg/100W max/E26
售價9,900日元(不含稅)。

1號金色凸邊
W145×H183/1.5kg/60W max/E26
售價9,300日元(不含稅)。

2號金色凸邊
W140×H210/1.6kg/100W max/E26
售價9,600日元(不含稅)。

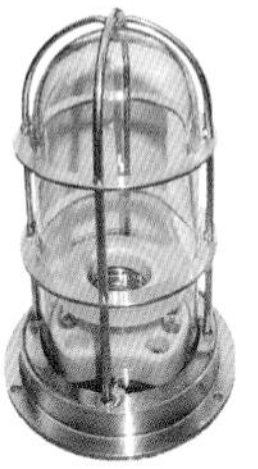

1號金色甲板燈
WΦ113×H180/1.0kg/60W max/E26
售價7,800日元(不含稅)。

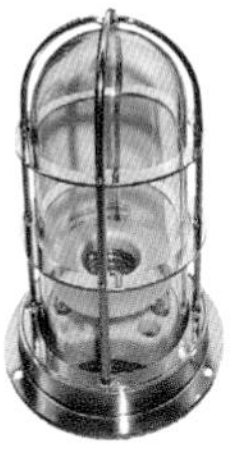

1號銀色甲板燈
WΦ113×H180/1.0kg/60W max/E26
售價8,300日元(不含稅)。

圓型金色甲板燈
WΦ285×H129/5.6kg/100W max/E26
售價36,200日元(不含稅)。

龜型金色甲板燈
D148×W235×H100/2.8kg/60W max/E26
售價19,800日元(不含稅)。

室內、室外兼用的黃銅製船舶燈。

〈洽詢〉
(股)三樂 TEL:03-3820-8853 FAX.03-3820-8854 http://www.3raku.co.jp

蓄光石

施工範例(紫外線燈照射時)。

發光的狀態

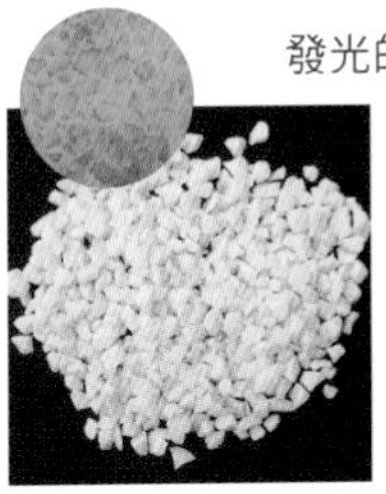

綠色

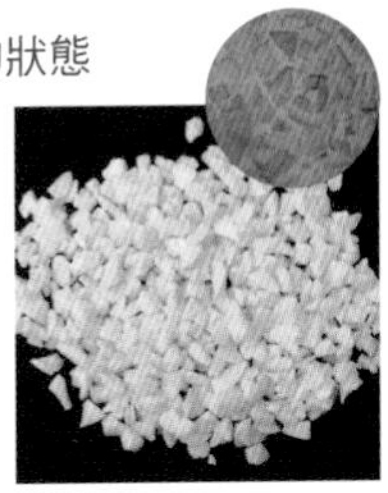

藍色

會發光的石頭。日間吸收並積存陽光或螢光燈的紫外線，能黑暗中自行發光。耐候性、耐摩擦性佳，半永久性的重覆蓄光與發光。日落後可以肉眼可辨識的亮度持續發光約4~5小時。尺寸為5~12mm，顏色有綠色、藍色2色。售價12,000日元(不含稅)。500g/袋

委託房屋外觀的方法

委託房屋外觀的流程和房屋的建築是一樣的。先有一個形象，決定預算，選擇業者後委託，檢討規劃或金額後施工，滿意成品就進行付款、交件。委託重點在於盡可能要看到實物，接著花時間擬定規劃，再找一個可以信賴的房屋外觀業者，簽訂合約，委託進行施工。讓我們看一下委託房屋外觀的流程吧！

1 利用雜誌或展示場擬定形象

這是東洋房屋外觀在神奈川的展示屋。規模是日本最大的。

最好可以看實物

首先，請擬定一個自己想打造的房屋外觀形象吧。仔細考慮自己的目的。像是配合新房子的外構、改造庭園、配合孩子的成長等等，視自己的用途或需要什麼樣的物品，針對這幾點考慮一下。此外，請掌握施工的空間。從住宅雜誌找出自己喜歡的範例，或是到房屋外觀的展示場，看一下實物也不錯。在這個階段最好是以做夢的感覺，以自由的創意選擇房屋外觀。

2 決定大概的預算

房屋外觀的型錄

自己決定吧！

決定大致的預算。好不容易買了土地，蓋了一棟夢寐以求的透天厝，被登記等各種手續及房貸搞得忙不過來，如果你是這樣的情況，請冷靜一點。其實房屋外觀就規模或款式來說，要花上不少費用。請擬定一個就現狀來說，付起來不會過於勉強的金額吧。就業者來說，如果客戶說：「我想用一百萬打造門與車庫的房屋外觀」，也比較容易提出實際的方案。

3 挑選業者

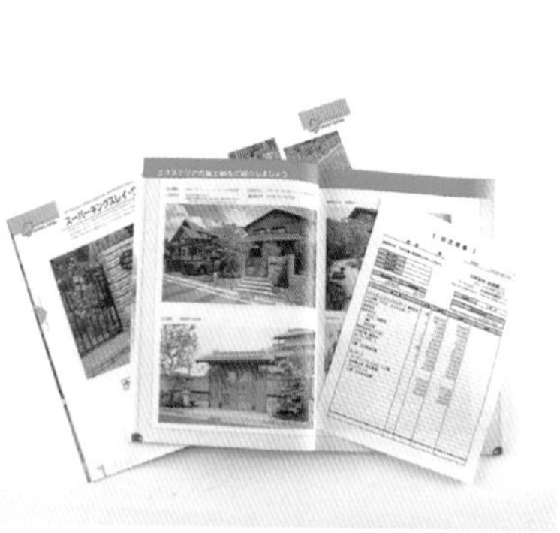

施工範例的照片與估價單的範本。

這是Takasho Reform Garden Club的網頁。網羅全國房屋外觀施工公司，並且依所在位置分類，要挑選業者時很方便。
http://rgc.takasho.jp/

審視施工範例

決定預算後，接著就是挑選業者了。如果是新建的房子，建築公司也許會另行介紹，並不一定要接受他們的建議。重點在於看施工的範例。可以透過網路看一些業者網頁的施工範例，如果附近就有施工範例，那是最方便的。如果還是有點猶豫，打聽一下評價是最快的方法。找到自己喜歡的施工範例，如果有業者的聯絡方式，請積極與對方聯絡吧。業者應該很願意討論一下委託的內容。

4 委託業者設計並估價

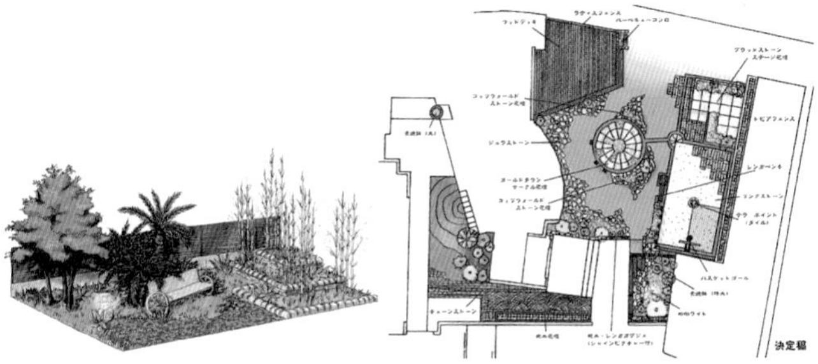

立體圖(左)與平面圖(右)範例。立體圖範例。
比平面圖更容易理解，方便掌握形象。

檢討紙上規劃吧！

決定業者後，請委託他們設計與估價吧。如果是有良心的業者，聽過案主的願望之後，會提出幾個規劃案。最容易理解的就是立體圖。最近還有用CAD(用電腦繪製的圖面)等等，可以看到更真實的立體圖。業者也不要光看建築圖面，請他們到現場看看吧！通常估價是免費的，不過有時可能需要付製作圖面與設計的費用，請在事前確認需不需要付這些費用吧。另外只要找2~3家比價就夠了。

5 簽訂合約，討論細節

使用磚塊的施工現場(右)與磚頭的照片(下)。
特別是挑選磚塊的顏色時，最好還是先看一下實品。

慎重的再度確認款式和尺寸

決定出具體的規劃。若施工後再變更，可能會引發惡性延長工期，增加多餘的支出。就算是多畫幾次立體圖或重新估價，至少都比事後的後悔還好。舉例來說，磚頭的顏色光看型錄往往無法掌握，最好還是請業者讓你看一下實品。如果還是不知道哪一種比較好的話，再交給業者決定吧。此外，當工期比較長的時候可能需要付訂金(保證金)。訂金大約為工程總金額的30~50%。

6 施工

施工現場。漫長工程的完成真是讓人期待不已。

信任與對話可使工程順利進行

等到雙方終於談成規劃和金額之後，接著就是施工。最好的情況是案主親自到現場監工。一旦按照紙上規劃開始施工後，在細節部分一定會遇到一些不知如何拿捏的情況。業者當場可能會表示雖然規劃是這個樣子，但是如果改成這樣會更好，案主當場決定的話，作業就能順利進行，最重要的就是案主說「太好了」這句話。受到讚美的業者會更加努力。房屋外觀並不是由業者獨自完成的，而是業者與案主的共同作業。

7 驗收、付款

滿意成品即可順利付款。

滿意度放第一

施工完成後，就要進入驗收及付款階段。重點在於案主是否滿意。滿意度與順利付款息息相關。有什麼不滿的地方，或是想要再加強的地方，可以在交件前，請對方在正式一點的場所(當場)說明。如果感到無法認同，則進行追加工程。與其改天另行施工，這個方法更有效率。覺得滿意了就交件，遵照請款單的付款期限付費，工程就算完成了。順序為確認→認可→付款。

施工公司一覽

介紹在本書發表美麗照明庭園實例的施工公司。這些公司均可接受從規劃到施工的一貫作業委託。請找他們討論吧！

(股)Designer's Exterior Ma'am Garden　千葉縣

尊重您的個人特性，重視生活型態的設計，由專屬的工匠施工，完備的事後維護。由經驗豐富的設計師打造「夢想空間」。

●Ma'am Garden八千代・佐倉店
TEL:0120-044-028
FAX:047-483-7413
●Ma'am Garden千葉・市原店
TEL:0120-854-028
FAX.0436-74-8616
●Ma'am Garden柏・流山店
TEL:0120-867-028
FAX:04-7131-8900
●Ma'am Garden成田・富里店
TEL:0120-033-028
FAX:0476-20-5221
●Ma'am Garden木更津・君津店
TEL:0120-868-028 FAX:0438-97-3506
●Ma'am Garden筑波・土浦店
TEL:0120-717-028 FAX:029-861-0213
(URL)http://www.d-ex.co.jp
(E-mail)info@d-ex.co.jp
承包區域 千葉縣全區、東京都部分、茨城縣部分、埼玉縣部分

房屋外觀樅樹　岩手縣

我們提供別緻、玩心十足的室外起居室，讓人會想邀請親朋好友來玩。獻給追求安穩，世界上獨一無二的庭園的你...。榮獲庭園綜合設計(庭園、大門周邊、鋁工程、鋪裝工程、義大利大理石、路面暖氣、信箱、門牌、地中海壺、改建)第23屆TOEX施工競賽A部門全國最優秀獎、四國舒適空間施工競賽全國最優秀獎、05年 SPIC施工競賽全國最優秀獎、06年四國施工競賽全國最優秀獎、第13屆Takasho庭園空間施工實例競賽全國最優秀獎、08年 Takasho Reform Garden Club第1屆庭園施工實例競賽全國最優秀獎、其他獎項。

(花巻店)Modello 岩手縣花巻市西宮野目2-235-4
TEL:0198-30-1117 FAX:0198-30-1116
(舊店)倉庫 岩手縣花巻市大畑1-100
(花巻溫泉玫瑰園往東350m)
TEL:0198-27-3762 FAX:0198-27-5077
(URL)http://www.exte-mominoki.com
(E-mail)info@exte-mominoki.com
承包區域 岩手縣全區

Office Takei　山梨縣

以「住在庭園裡」、「發揮建築物特性的設計」、「打造療癒空間」為主題，景觀設計師　武井泄月袴完美的協助客戶呈現重要的「住處」。僅房屋外觀&庭園設計部分可以接受全國性的委託。詳情請看HP。

(股)青春Works
山梨縣南巨摩郡昭和町河東中島963-1
TEL:055-275-6007 FAX:055-275-6012
(URL)http://www.office-takei.com/
(E-mail)info@office-takei.com
承包區域 山梨縣、東京都、靜岡縣、長野縣、神奈川縣

(有)庭樹園　東京都

由於本公司有一家園藝店舖「Green Terrace」，可以提出運用豐富的樹木、花草，綠意盎然的外構與庭園。搭配現成商品與手工製品，打造獨一無二的庭園。

東京都練馬區高松6-3-21
TEL:03-3996-8221 FAX:03-3996-8421
(URL)http://www.teijuen.co.jp
(E-mail)green-terrace@teijuen.co.jp
承包區域 練馬區

(股)三光房屋外觀　大阪府

「把客戶的家當成我們自己的房子…」SANKOEX以客為尊，以合理的價格提供美好的設計與優質的商品，確實的施工，還有讓案主得以安心生活的事後維護，從陽台的小工程到大工程，三光都提供服務。

●總公司 大阪府松原市立部2丁目6番38號
TEL:072-333-0124 FAX:072-330-0234
●展示場堺市北區百舌鳥町3-428
(ABC HOUSING中百舌鳥住宅公園內)
TEL:072-240-2345 FAX:072-240-1346
(URL)http://www.yoshimitsu-co-ltd.com/
(E-mail)sanko-ex@yoshimitsu-co-ltd.com
承包地區 大阪府、奈良縣西部、兵庫縣南部、和歌山縣北部

(股)Okamoto Garden　大阪府

活用有豐富庭園樹木與花草，佔地2000坪的園藝店舖，提出採用大量植物，巧妙襯托建築物的庭園、房屋外觀提案。我們將會日夜努力，以誠實的實現「顧客的夢想」。

大阪府柏原市雁多尾畑3820
TEL:072-979-0906 FAX.072-979-0907
(URL)http://www.okamotogarden.co.jp/
(E-mail)info@okamotogarden.co.jp
承包區域 大阪府全區 奈良縣全區

(股)向日葵生活　兵庫縣

展示方法分為成品與構造。致力於打造一個顧客看過之後，自己也能發揮天馬行空創意的空間。巧妙的融合夜間照明，提出別處找不到、滿意度高的提案。

●神戶店 兵庫縣神戶市西區伊川谷町井吹55-3
TEL:0120-511-286
●大阪店 大阪府大阪市北區大淀南2-1-23
TEL:0120-475-281
每逢星期三公休
(URL)http://www.hima-wari.co.jp/
(E-mail)exterior@hima-wari.co.jp
承包區域 兵庫縣 大阪府 京都府 奈良府

遊庭風流EGO Garden　福岡縣

遊庭風流以「個性化的設計」與「專屬的庭園資材」實現顧客的夢想。6000坪的展示展「遊庭風流EGO Garden」的理念是「ECO(人類與自然環境)」。以對人與自然都很好的設計與資材做為優先考量。所展示的也是基於這個理念嚴選的商品。本公司的網頁上刊登了約600件的施工照片！另外也一定要看Blog「遊庭風流徒然日記」。

福岡縣中間市岩瀨4-15-41
TEL:093-243-4880 FAX.093-243-4881
(URL)http://www.yutei-furyu.co.jp
(E-mail)info@yutei-furyu.co.jp
承包地區 福岡縣全區